基礎解説とカラー実体配線図でよくわかる

作りやすくて音がいい 真空管 オーディオアンプ

10機選

MJ無線と実験編集部編

Preface
はじめに

本書で紹介する真空管アンプ10機種は，初心者から中級者向けの作りやすいアンプです．月刊誌『MJ無線と実験』で活躍する現役トップアンプビルダーがそれぞれに特色を持たせた渾身の力作ばかりで，多くはオーディオイベントでの試聴会にも出品され，音質は折り紙付きです．パーツのバラツキがあっても吸収できるよう余裕を持った設計なので，測定や調整はテスター1台で十分．さらに，特殊パーツを使っていないので，いつでも容易かつ安価にパーツをそろえることができます．こうした配慮によって再現性を可能な限り上げ，挑戦のハードルを下げています．

真空管アンプはメンテナンスが正しければ一生使えるものです．長く愛用するには音が良いのはもちろん，美しい外観も欠かすことができません．本書では，音の良いアンプを作るための実体配線図や配線図の読み方やハンダ付けの基礎，そして美しいアンプのための工作の基礎についても解説しています．

好みのアンプを選んで，製作とリスニングをお楽しみください．

2023年3月 　　　　『MJ無線と実験』編集部

表紙デザイン　下畑　剛（G/ON/G）
本文デザイン　T&K
編集　『MJ無線と実験』編集部　末永昭二　T&K

Contents
もくじ

Fundamentals of TUBE Amplifier Building

音が良く美しい真空管アンプを作るために

『MJ 無線と実験』編集部

Cool Sounding TUBE Amplifiers 10

実体配線図で作る真空管アンプ10機選

Disclaimer
本書をご活用いただく
うえでの注意

・本書に掲載した作例は『MJ無線と実験』誌上で2019年から2021年にわたって掲載された製作記事を精選し，再構成したものです．

・実体配線図は，見やすさを優先するために，各パーツの大きさや向きを変えて描いています．また，シャシー内の配線の色分けを実機とは変えているものもあります．

・製作例の使用パーツは発表当時のもので，廃品種となったものについては本文中に代替品を提案しています．また，パーツ購入先は参考で，常にそのパーツを販売しているとは限りません．

・高電圧を扱う回路の取り扱いには十分注意してください．誠文堂新光社および『MJ無線と実験』編集部は，製作中および使用中の事故に対して一切の責任を負いません．

音が良く美しい真空管アンプを作るために

Fundamentals of TUBE Amplifier Building

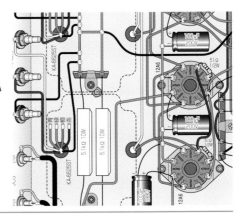

Fundamentals of TUBE Amplifier Building

実体配線図があれば誰でもアンプが作れる

● 電子部品を正しく接続する

　この本に収録している真空管オーディオアンプ10機種は，難易度や規模はさまざまですが，どれもフルカラーの「実体配線図」がついています．

　実体配線図とは，実際のアンプの内部の部品の接続の状態が描かれている「絵」です．この絵のとおりに部品を正しく接続すれば，（ハンダ付けなどのテクニックは必要ですが）電子工学を理解していなくても高性能なアンプが完成します．

　本書はキットを卒業して，オリジナルの真空管アンプを作りたいと思っていてもきっかけがつかめない読者のためのガイドとして作られています．現在のトップクラスのアンプビルダーが設計・製作した，市販品にはないアンプが自らの手で再現できるのです．

● 埋もれている真空管を活用する

　本書のもうひとつの特色は，真空管アンプの製作例としてあまり使われることのなかった真空管を積

真空管としては見慣れない形状のコンパクトロン．1つのガラス管に複数の増幅ユニットが入っていて，少ない真空管でアンプを作ることができる

極的に使っていることです．

　その代表的な例がコンパクトロンです．コンパクトロンは真空管時代の最末期，テレビ受像機を中心に使われていた真空管です．最末期なのでその製造技術は頂点に達していて非常に高性能なのですが，オーディオ用に設計されているとは限らないので，現在の真空管オーディオブームからは取り残され，多くの未使用品が販売店の倉庫に眠っています．

　本書では，このコンパクトロンに脚光を当てました．オーディオ用として作られていなくても，設計によっては十分にオーディオアンプとして活用できます．前段管としてよく使用されるMT管よりソケットが大きいために配線が容易なので，初心者にやさしいというメリットもあります．

　もうひとつはヒーター規格違い管の活用です．真空管には電極を温めるヒーター（フィラメント）が必要ですが，その多くはかつての電池の規格の名残から6.3Vや12.6Vで，現在生産されている真空管も6.3Vや12.6Vが中心です．しかし，1950年代に現れた電源トランスレス式のラジオやテレビには，さまざまなヒーター規格の真空管が使われていました．本書で使われている**32A8**や**19AQ5**は，それぞれ**6BM8**や**6AQ5**というオーディオ用として人気の真空管（6.3V）のトランスレス用ヒーター電圧違い管です．ヒーター規格が違うだけで使用例が少なく，価格も低廉です．これらは「ちょっとした工夫」で，オーディオ用として活用することができます．

　本書は，**EL34**や**300B**といった人気の出力管のアンプに加え，こうした「もったいない」真空管を活用したアンプの作例も収録しました．

● シンプルなアンプを入口に

　本書冒頭の2機種（**6FM7**シングルと**ECL805**シン

グル）は，特に初心者向けに設計・製作されたものです．真空管はこれ以上減らせない，たったの2本．一部の増幅に半導体を使ったハイブリッド構成ではなく，すべての信号を真空管で増幅した，純粋な真空管アンプのサウンドです．どちらも出力2W台は頼りないように感じますが，真空管アンプの2Wは，家庭で使うアンプとしては十分な音量です．

EL34シングルアンプのシャシー内写真（右）を見てください．人気の出力管**EL34**のアンプの内部は，こんなにシンプルです．これでもオーディオイベントの大きな試聴会場のすみずみにまで音を届ける実力を持っています．本書では，MJオーディオフェスティバルや真空管オーディオ・フェアなどの試聴イベントで実際に使われたアンプも収録されています．

実体配線図を頼りに製作しているうちに，どんな理論でアンプが動作しているのかに興味が出てきたら，本文の解説や参考書，月刊誌『MJ無線と実験』の記事をよく読んでください．どのようにアンプが設計されているかわかってきます．ベテランの真空管オーディオ愛好家も，もう一度基礎に立ち返って読んでみてください．真空管アンプの設計技術は今も進歩を続けています．最新の設計手法は，ご自身のオリジナルアンプの設計のヒントになるでしょう．

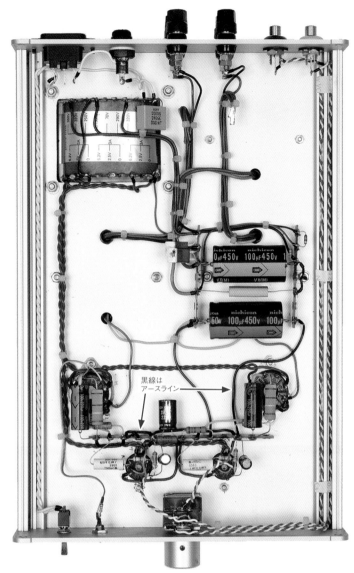

黒線はアースライン

EL34シングルアンプのシャシー内部．シンプルな構造は製作意欲をかき立てる

● 製作には細心の注意を

シンプルなアンプでも，交流100Vの商用電源で働きます．100Vでも生命にかかわる感電事故や火災を招くことは言うまでもありません．さらに，真空管アンプの内部では直流400Vにも及ぶ高電圧を扱っているので，製作には細心の注意が必要です．

テスターで導通を確認しながら配線する，電解コンデンサーやダイオードの極性を間違えないといった基本を守ることで事故の多くは防げます．各アンプの解説に注意事項が書かれているので，よく理解して製作を楽しんでください．

上の写真のEL34シングルアンプ

本書収録のアンプの多くは試聴イベントで実際に披露された実力派（2019年の真空管オーディオ・フェアより）

Fundamentals of TUBE Amplifier Building

実体配線図・内部写真・回路図

●実体配線図と内部写真

　実体配線図と実際のシャシー内をくらべてみると，実体配線図は電気的には正しいのですが，3次元の配線を2次元化する際に微妙にデフォルメされていることがわかります．たとえば，部品の下に隠れている部品が見えるように描く，使わないトランスのリード線は描かないというように，極力見やすく，わかりやすくなっています．

　ところが，実際のアンプでは最短距離で配線したり，シャシーのすみに沿わせて配線したりというように臨機応変な対応が必要です．さらに，交流点火のヒーター配線と信号ラインはなるべく離すといった配線のノウハウもあります．このノウハウが詰まっているのがシャシー内写真です．本書では，できるだけ大きく写真を掲載して，シャシーのすみずみまで見えるように配慮しています．

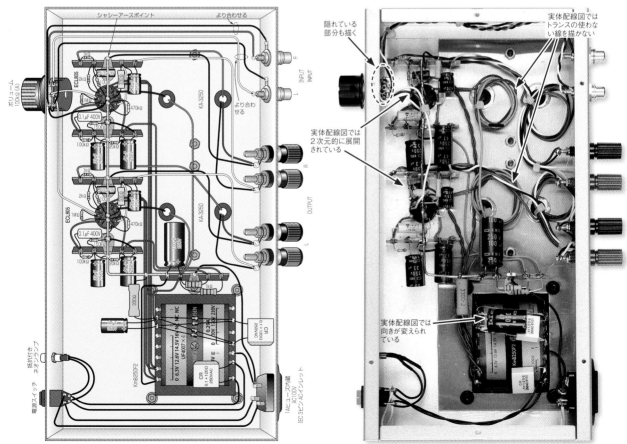

実体配線図と写真の違い．双方が補いあって配線の状態を示している

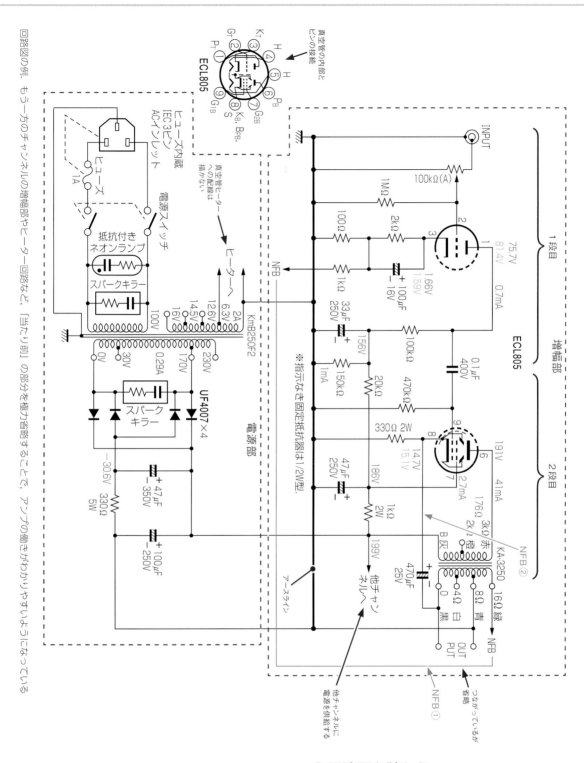

回路図の例。もう一方のチャンネルの増幅部やヒーター回路など，「当たり前」の部分を極力省略することで，アンプの働きがわかりやすいようになっている

● 回路図を読もう

実体配線図で電気的な接続を，写真で配線の取り回しやパーツの取り付け状態をそれぞれ確認しながら，できるだけ美しく配線しましょう．整然とした配線はトラブルを避けます．

実体配線図と内部写真があれば，本書のアンプの多くは製作できますが，やはり回路図が読めなければ進歩はありません．

回路図はパーツの位置関係などは無視して電気的接続だけを表しているので，これだけでアンプを作

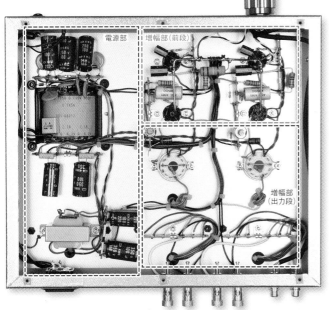

シャシー内は電源部，増幅部の各ブロックをわかりやすく配置すると，後日のメンテナンスがしやすくなる

るのは初心者にはほぼ不可能なのですが，回路の働きについて考えるときに不可欠です．

　ここでは実際の回路図を例に，最低限知っておきたい回路図の知識を解説します．

(1) 信号の流れ

　前ページの図は本書34ページの**ECL805**シングルアンプの回路図です．

　後述しますが，真空管オーディオアンプでは一般的に，上段が微弱な信号をスピーカーを駆動できる大きさ（強さ）にまで拡大する「増幅部」で，下段が増幅のためのエネルギーを供給する「電源部」です．

　このアンプに使っている**ECL805**という真空管は，1本のガラス管に2つの増幅ユニットが入っており，それは図の左側に示されています．1つの増幅ユニットではスピーカーを駆動するまでの増幅ができないので，このアンプでは2段階で信号を増幅しています．

　回路図の約束として，信号は左側から右に進みます．INPUT（入力）端子から入った信号は，3極部とビーム4極部の2段階で増幅されてOUTPUT（出力）につながれたスピーカーを鳴らすのが基本です．

　この図での例外は2つのNFBです．NFB（負帰還）とは，アンプの信号を何らかの形で増幅前に戻して混ぜることで，特性の向上を図ることです．この図では，まず出力トランスの2次側16Ω端子から

3極部のカソードに信号が戻されています．これを線でつなぐと遠回りになるので，矢印で接続を示しています（NFB①）．

　もう一つのNFBは，出力トランスのアース端子（実際は8Ω端子として使用）から，ビーム4極部のカソードに戻しているルートです（NFB②）．

　これらのNFBによって出力は若干小さくなるのですが，周波数特性やダンピングファクターなどが改善されます．

　本機は2チャンネルステレオアンプなので，2つの同じ増幅部が1つの筐体に入っています．このような回路図では増幅部は1つだけ表示して，片チャンネルは省略します．「他チャンネルへ」の矢印が省略したチャンネルにつながっています．

(2) 電源部

　本機の電源部はシンプルです．商用電源のAC100Vを電源トランスでAC170Vにアップし，ブリッジ接続した4本のダイオードで約200Vの直流にします．これが増幅部の電源となって，このエネルギーでスピーカーをドライブします．

　もう一つの巻線からの6.3Vが「ヒーターへ」となっています．これは真空管の電極を温めて電子を放出させるためのヒーターの電源です．これが真空管の④，⑤番ピンのH（ヒーター）につながっていますが，真空管の機材では当然のこととして回路図では省略します．「回路図通りに配線したのに鳴らない」というとき，ヒーター配線を忘れているというミスは意外によくあります．

(3) アース

　意外に難しいのはアースの配線です．

　図中の太い線がアースラインで，ここがこのアンプの0V電位，つまり電圧の基準となっています．回路図中に示された電圧値は，その部分とアースラインとの電位差を示しています．

　オーディオアンプのアースラインは1点または2点程度でシャシー（ケース）に接続されます．ここで間違いやすいのは，アースの各配線の配線忘れです．アースは黒い線を使って，ひと目で全部つながっていることがわかるようにします（7ページの写真参照）．

Fundamentals of
TUBE Amplifier
Building

ハンダ付けの基礎知識

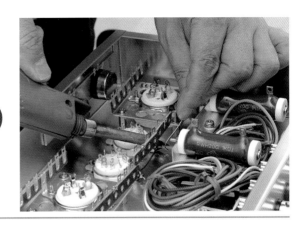

●アンプ製作の最重要工程

作ったアンプが鳴らない原因のほとんどは，ハンダ付けの不良と言って過言ではありません．ハンダ付けは一見つながっているようでも電気的には接続されていないことがあるので，「いくら見直しても間違っていないのに鳴らない」ときは，ハンダ付けを疑ってみましょう．

ハンダ付けは複数の金属を溶けたハンダで機械的・電気的に接続するというシンプルな作業です．しかし，いくつかのコツがあって，正しく作業しな

いと，作ったアンプの性能や信頼性にも影響します．

（1）ハンダ付けの手順

まず，ハンダ自体ではなく，ハンダ付けする箇所の温度を十分に上げることが重要です．温度が上がっていないと，ハンダが流れ込みません．コテ先で溶けたハンダをいくらなすりつけても電気的にはつながりません．

ハンダ付けする箇所にハンダゴテを当て，温度が上がったころを見計らってハンダをつけると，スッとハンダが溶けていきます．溶けたハンダがキラッと光れば成功です．

（2）必要な工具

ハンダ付けに最小限必要な工具類を12ページに示します．

まず，ハンダは「ヤニ入り糸ハンダ」を選びます．真空管アンプ製作では，直径φ1mm前後のものが使いやすいでしょう．

ハンダには材質によってさまざまな種類があります．産業界では環境

基本的なハンダ付けの手順

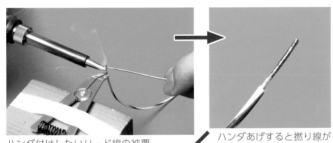

ハンダ付けしたいリード線の被覆を剥き，ハンダあげする（ハンダを付けてまとめる）

ハンダあげすると撚り線が1本になるので扱いやすく，ショート事故も防げる

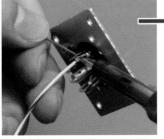

ハンダゴテを端子に当て，十分に温度を上げてからハンダを接触させてハンダを溶かす

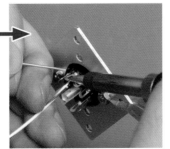

ハンダが十分に流れたら，ハンダの量が多くなりすぎないようにハンダを離すが，ハンダゴテは端子に当てたままで，十分にハンダが流れるようにする

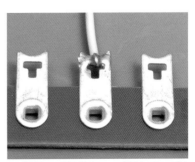

ラグ端子への理想的なハンダ付け．ハンダは多すぎず少なすぎず，きれいに流れており，線と端子が一体化している

ヤニ入り糸ハンダ. 最初は小分けされた商品で十分だが, 真空管アンプではすぐ足りなくなるので, できればボビン巻きのものを求める

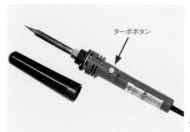

ターボボタン付きハンダゴテの例

巨大な電源トランスとシャシーに熱を奪われてしまうので, ターボ付きや温調付きのハンダゴテで十分に温度を上げる

ハンダゴテ台の例. 低面積が広く重いと倒れにくい. コテ先を拭く濡れスポンジやスチールウールのついているものが便利

ハンダ吸い取り線は, 銅線がリボン状に編まれているもので, ハンダを除去したところに当ててハンダゴテで熱すると毛細管現象でハンダを吸い取ってくれる

ハンダ吸い取り線でハンダを吸い取っているとすぐに銅線が熱くなって火傷をするため, なるべく吸い取り線を長く伸ばして使う

ハンダ吸い取り機. ハンダゴテで溶かしたハンダをバネの力で吸引する

に配慮した「鉛フリーハンダ」に移行していますが, 融点が高めで扱いにくいところがあるので, 慣れるまでは鉛入りの「共晶ハンダ」をおすすめします.

真空管のソケットや端子類はすぐに温度が上がるので, 工具箱に入っている30Wくらいのハンダゴテで十分です. しかし, 巨大な電源トランスなどは30Wでは温度が上がりきらないので, 真空管アンプ製作では「温調付き」あるいは「ターボ付き」のハンダゴテがよく使われます. 手軽なのはターボ付きで, 普段の作業は通常モード, 本体のボタンを押すと出力がアップして大きな対象物でもハンダ付けができます.

以上は, 真空管アンプ製作に特化したもので, 半導体, 特にICを扱うには, 細いハンダや小電力のハンダゴテが向いています. 適材適所で使い分けましょう.

ハンダゴテの先端は, 常に400℃近くに加熱されています. 作業中の火傷などの事故を防ぐため, ハンダゴテは必ずハンダゴテ台に置く習慣をつけるようにします.

ハンダ付けを間違えたときは, ハンダ吸い取り線やハンダ吸い取り機を使います. どちらもハンダゴテで溶かしたハンダを吸い取って修正します.

●シールド線の処理

アンプ製作で知らなければならないことのひとつがシールド線の処理です. 面倒な作業ですが, ノイズを防ぐための大切な工程です.

入力端子からアンプ内に入ってきた微弱な信号がアンプ内外のノイズを拾うと, そのノイズが増幅されてしまいます. その信号を雑音から守るのがシールド線です. 特に, リアパネルの入力端子からフロントパネルのボリュームへ, アンプの中を縦断する配線には, 原則としてシールド線を使います.

シールド線は, 信号が通る芯線のまわりを導体でシールドしていて, これをアースすることで信号を

シールド線の処理 TIPS!

方法1

外皮は線を曲げてカッターナイフの刃を当てると剥きやすい

芯線を剥き，網線はより合わせる

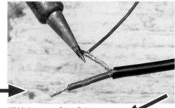
網線をハンダあげする

網線に熱収縮チューブをかけ，ハンダゴテで収縮させる

網線の根元の絶縁のために熱収縮チューブをかぶせる

配線しやすく，ショートを防ぐ端末処理の完成

方法2

熱収縮チューブの途中にカッターナイフで孔をあける

熱収縮チューブの孔から網線を引き出す

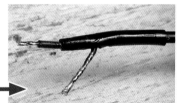
熱収縮チューブを収縮させて完成

ノイズから守ります．

　処理をしたシールド線は，入力端子かボリュームにハンダ付けすることになります．入力端子はパネルに取り付けてからハンダ付けしなければならないことが多いのですが，ボリュームはパネルに取り付ける前にハンダ付けするほうが圧倒的に作業が楽になります．

●アース母線

　櫓（やぐら）アースともいいます．特に真空管ソケットまわりにパーツを配置する際，アースラインを渡り配線にするのではなく，太い線で作ったアース母線にアースをまとめる方法で，本書の多くのアンプで採用されています（30ページ参照）．

　アース母線として使いやすいのは，φ2mm程度の銅線あるいはスズメッキ線です．

　1本の線のどこにでも接続できるのでパーツの配置の自由度が増す，太い線なのでアースのインピーダンスが低いといったメリットがあります．

アース母線はMT管の場合，センターピンを利用して組み立てる．立てラグ板の端子やスタンドオフ端子も利用する

持っておきたい工具

ハンダ付けに必要な工具については前節で説明したので，ここではそれ以外の真空管アンプ組み立て，そしてシャシー加工に必要な工具類を紹介します．

一度にそろえる必要はありません．真空管アンプ製作用と言っても，特殊なものはほとんどなく，ご家庭の工具箱にあるようなものでも十分に活躍するので，手持ちを活用してください．

●組み立ての基本工具

（1）最小限そろえたい工具

ドライバー，ペンチ，ニッパーなどに説明の必要はないでしょう（❶，❷）．

電子工作の必需品として，ぜひそろえてほしいのはワイヤーストリッパー❸です．カッターナイフやニッパーの刃の孔でも線材は剥けますが，大量に線材の処理が必要なアンプ製作では，ありがたみを感じる工具です．購入の際は，写真のように平たいペンチ型のものを選びます．線材の先端をはさんで剥くタイプのものもありますが，自由度から言うとペンチ型が有利です．

あれば確実に役に立つのがピンセット❹です．シャシーの奥に落ちたナットを拾うことに始まって，ラジオペンチでは大きすぎて不便な部分の配線などに大活躍します．大小あれはベスト．

（2）ネジ関係の工具

ハンダ付け以外の各部品の固定はネジによって行われるので，数多くのネジ関連工具が必要です．

ドライバーと組み合わせてナットを締める工具としてはスパナ❺がありますが，これはシャシー内で

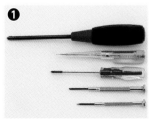

❶

一般的なドライバーセットと精密ドライバーがあれば十分

❷

大小のラジオペンチとニッパー

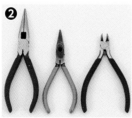

❸

ワイヤーストリッパー

❹

ピンセットは細かい配線で活躍する

❺

一般的なスパナ．アンプ製作では端子類の取り付けに使う

❻

ナットドライバーはM3用（対角6mm）を持っていると作業がはかどる

❼

ボックスレンチ．特に「ボリュームレンチ」としてセットで売られているものが便利

ボリュームレンチの使い方．ボリュームのシャフトの長さのため普通のソケットレンチが使えない

六角レンチ．なくしやすいので十徳ナイフ式が使いやすい

シャシー内の清掃はもちろん，作業机の上を手で払うと金属クズでケガをすることがあるので刷毛を使う

テスターは安価なものでよいが，周波数や静電容量が測れるとさらに便利

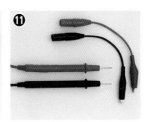

テスター棒の先に取り付けるミノムシクリップアダプター

アンプの詳細な評価にはオシロスコープ，オーディオアナライザー，低周波発振器が必須

時間をかけて電圧変動を観察するときや，固定バイアス式出力段の調整時にはミノムシクリップアダプターが必需品

は使えず，シャシーの外側では傷をつけがちです．そこでナットを締めるには，ナットドライバー❻やボックスレンチ❼を使います．❼は特に「ボリュームレンチ」と呼ばれるセットで，パネルを傷つけずにボリュームが固定できます．

六角穴ボルトには六角レンチ（アーレンキー）❽です．束になったものやホルダーに入ったもの，十徳ナイフ式など，何でも使えます．最大の用途はボリュームに取り付けるツマミの固定です．ほかの工具での代用は不可能なので，ないと困る工具の筆頭です．海外（特に米国）はインチ規格なので，万一のためにインチ規格のレンチも用意しておきましょう．

ほかにあると便利なのが刷毛❾です．ハンダクズやリード線の切れ端などを払うのに使います．

（3）テスター

アンプが正しく働いているか，どれぐらいの性能なのかを厳密に知るには各種の測定器（オーディオアナライザーやオシロスコープなど）が必要ですが，本書では，そのまま作ればほぼ作例通りの性能が得られると想定しているので，大がかりな測定器をそろえる必要ありません．

しかし，回路図に示されている各部分の電圧だけは測定しなければなりません．回路図の電圧と測定値が大きく違っていれば，どこかに異常があるということです．作った当初，普通に鳴っているようでもどこかに無理があれば，使っているうちに故障しかねません．また，使っているうちに音が悪くなったようなとき，記録しておいた製作直後の各部電圧と比較すると，どこが劣化したのかを推測する材料となります．

そこで使用するのがテスター❿です．

交流と直流の電圧が測れれば十分なので，安価なものでも使えます．重要なのは「クリップアダプタ（商品名）⓫」と呼ばれる，先端がミノムシクリップになったアダプターです．シャシー内の電圧を測定する際，普通のテスター棒では意外に手が疲れ，手が震えると危険です．シャシー内各部の電圧測定では，アースに黒を接続しておいて赤で各部に触れます．また，固定バイアス式出力段のバイアス調整では，両方のテスト棒を接続しておかないと作業ができません．

複数の箇所の電圧を図る必要があることも少なくないので，2台以上用意しておくと便利です．

シャシー加工はこわくない

アンプ製作にあたって，最も高いハードルはシャシー加工です．アルミとはいえ，金属加工にはそれなりの道具とテクニックが必要で，それだけで1冊の本になるほどです．また，孔あけやヤスリがけでは騒音も避けられないので，家族やご近所の理解が必要になるかもしれません．

何かとハードルの高いシャシー加工ですが，できるだけ負担にならないような手軽な工具と，その使い方のコツを紹介します．

● 必要な工具と手順

シャシー加工だけに限ると，必要な工具は「孔をあけるもの」と「切り口を削って整えるもの」だけです．

（1）丸孔

孔をあけるものの代表はドリルでしょう．電動ドリル❶がよく使われますが，相手はアルミなのでハンドドリル❷でも十分戦力になります．

シャシーに孔位置を書き込むためには，定規やスコヤ❸を使います．シャシーに直接描かずに，寸法図を描いた紙を貼り付ける方法もあります．

そのままドリルの刃（ビット）を当てると刃がズレるので，センターポンチ❹を打ってからあけます．ドリルはいきなり目的のサイズを使うのではなく，最初はφ2mmくらいで，次第に大きくしていくと正確な位置にきれいな孔があきます．

φ8mm以上になるとドリルではあけにくくなるので，別の工具で孔を拡大します．

孔のあいていない無塗装のアルミシャシーは通称「弁当箱」．真空管アンプは重いトランスが乗るので，板厚は少なくとも1.5mmはほしい

電動ドリル．屋外での作業をしないのであれば充電式よりAC100V式のほうが使いやすい

ハンドドリルはちょっとした孔の追加や修正に便利で，騒音も少ない

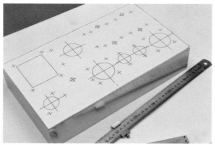

シャシーの保護シートに直接寸法図を描くか，この写真のように紙に描いた寸法図をノリで貼り付ける

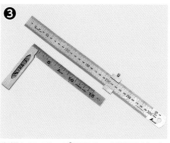

定規とスコヤ．プラスチック製ではなく金属製が使いやすい

センターポンチとハンマー

そのままセンターポンチを打つとシャシー天板が凹むので，シャシー内側に当て板を置く

❺ ホールソーは便利だがコストパフォーマンスに難あり

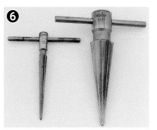

❻ テーパーリーマーは手軽だが，孔が多いと手に負担が大きい

❼ 決まったサイズの孔であればシャシーパンチが有利だが絶滅危惧商品のひとつ

❽ ハンドニブラー．先端の刃でアルミをわずかずつ食い切っていく

❾ ヤスリはセットを推奨．アルミは目詰まりするので掃除用のワイヤーブラシも用意したい

❿ 大型の平ヤスリはトランス用角孔加工に必須

⓫ バリ取りナイフ．本来の使い方以外にも便利に使える

バリのある孔をバリ取りナイフで整える

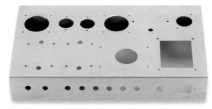

本項で紹介した工具だけで孔あけしたアルミシャシーの例

一発で正確な大きさの孔があくのはホールソー❺ですが，原則的に1本につき1サイズで，しかも高価です．自由なサイズに拡大できるのがテーパーリーマー❻です．手で笠状の刃を回すので，多数の孔をあけるとかなり疲労します．真空管ソケットのようにサイズが決まった孔はシャシーパンチ❼であけます．これもかなりの力が必要です．油圧式もありますが，かなり高価なのでアマチュアにはもったいないでしょう．

（2）角孔

伏型電源トランスのように，大きな角孔が避けられないことがあります．いくつか方法がありますが，最少の工具であけるのは，丸孔をつないで切る方法（下の写真）です．

ハンドニブラー❽も角孔あけやACインレット用の変形孔に適していますが，手で握って数mmずつ食い切っていくという構造のため，大きい孔での疲労はかなりのもの．さらにハンドル側から刃先が見

古典的な角孔のあけ方 TIPS!

シャシーに描いた線の内側ギリギリに多数の孔をあける

孔をニッパーでつなぐ

切断面をヤスリで整える

現物合わせで微調整して完成

塗装に使えるスプレー塗料の例. 左は
サーフェサーで, 中と右は仕上げ用

アルミは塗料が付着しにくいので2000
番くらいのサンドペーパーで表面を荒ら
し, さらにサーフェサーを使う

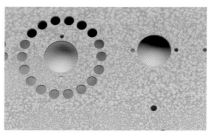

1回吹き付けただけでハンマートーン調に
仕上がった

一般的なネジ. 左からナベネジ, トラスネジ,
皿ネジ

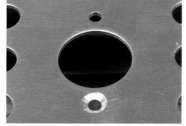

手前の孔が皿モミ済み

皿ネジ（手前）とナベネジ（奥）の
見た目の違い

ドリルビットの
セットとボール
グリップ

えないので, 孔の位置によっては使えない場合があ
るという問題もあります.

(3) 切り口を整える

こうしてあけた孔の切り口を整えるのがヤスリ❾
です. 工具箱のセットでも事足りますが, 大きな角
孔では大型の平ヤスリ❿が必須です.

意外に使いどころが多いのはバリ取りナイフ⓫で
す. 曲がった刃が回るようになっていて, バリのあ
る丸孔でくるっと回すとバリが取れるというのが本
来の使い方ですが, 丸孔の拡大にも, 直線の切り口
にも使えます.

こうして孔あけができたシャシーにそのままパー
ツを取り付けてもいいのですが, 96ページの**19AQ5
UL接続プッシュプルパワーアンプ**のように, 塗装
やウッドパネルを取り付けるのもよいでしょう.

●塗装してみよう

塗装は, まずシャシーを洗って油分を取り, サン
ドペーパーで表面を荒らし, サーフェサー（スプレ
ー）を吹いて, 十分に乾燥してから好みの色のスプ
レー塗料を吹き付けます.

塗装のコツは, 何かと難しい光沢仕上げを狙わな
いことです. スプレー塗料には, ただ吹き付けるだ
けでストーン調や梨地仕上げになるものがあるので,
それらを選べば1回の吹き付けで市販品と見まがう
ような仕上がりになります.

●ネジにも気を配って美しいアンプに

目立たないのですが, アンプユーザーの目に触れ
る部品が「ネジ」です. 見えるところのネジを変え
ると, アンプのイメージが変わります.

もっとも一般的に使われているのがナベネジです
が, これが目に触れると高級感が削がれるようです.
トラスネジにするだけでスッキリとします.

さらに見栄えよくする方法として皿ネジの使用が
あります. 皿ネジを使う際は「皿モミ」という作業
が必要です.

皿モミ専用のビットは高価なので, 普通のドリル
ビットでできる方法を紹介します.

M3用の孔であれば, あけた孔の上から径の太い
ドリルビット（M3であればφ7mm程度）で, す
り鉢状に加工します. 電気ドリルでは深くなりすぎ
て貫通するおそれがあるので, 手動のボールグリッ
プ⓬を推奨します.

細かいことですが, こうした工夫がアンプの外観
をより美しくします. 外観のよいアンプは飽きのこ
ない, 愛着の持てるものになるでしょう.

実体配線図で作る真空管アンプ10機選

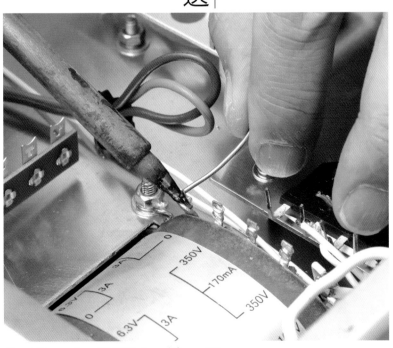

Cool Sounding TUBE Amplifiers 10

2020年11月発表

たった1本の真空管で出力2.2W！　入門用アンプの新提案

6FM7　単管シングルパワーアンプ

長島　勝

テレビ受像機用などが多かったため，オーディオ用としては敬遠されがちなコンパクトロンを活用すべく企画されたアンプ．垂直発振/垂直偏向用の複3極管6FM7の第1ユニットを初段に，第2ユニットを出力段とした2段増幅で，1チャンネルの増幅をたった1本だけで担う．テレビ球をオーディオ用として使用するための設計ノウハウを詳説するが，回路自体はシンプルで製作は容易．単球ながら出力は2A3シングルに比肩する2.2Wを実現．新しいタイプの入門機として提案する．

コンパクトロンという「資源」

　本書34ページに収載した**ECL805**シングルパワーアンプと同様に，真空管の数を極限まで減らすことを目標として，1チャンネルあたり1本としたシングルパワーアンプです．

　ECL805シングル同様，複合管を使用して片チャンネルあたり真空管1本という構成にしていますが，9ピンMT管の**ECL805**に対して，本機に使用する**6FM7**は12ピンのコンパクトロンなので，MTソケットの小ささが苦手な方にも作りやすくなっていると思います．

　コンパクトロンは比較的後期に登場した真空管で，テレビ受像機用などの未使用品が大量に市場に出回っています．安価なのですが，この「資源」をそのままオーディオアンプへ転用するのは難しく，設計には工夫が必要です．

　本機では，バイアスの深さの見直しと歪みの打ち消しに加えて，出力トランスの特徴を利用して，出力と歪率のバランスを図り，実用に十分な性能を得ることができました．出力2.2Wは**2A3**シングルとほぼ同等であり，家庭での使用には十分な音量が得られます．

　また，コンパクトロンを用いたアンプは現在では作例が少ないため，品質の良いソケットの供給が十分ではありませんでしたが，良質なものが入手しやすくなったので，コンパクトロン使用のハードルは下がっています．これもコンパクトロンを採用した理由のひとつです．

複3極管6FM7

　6FM7（図1）はテレビ受像機用で，ヒーター規格は6.3V/1.05A，

実体配線図

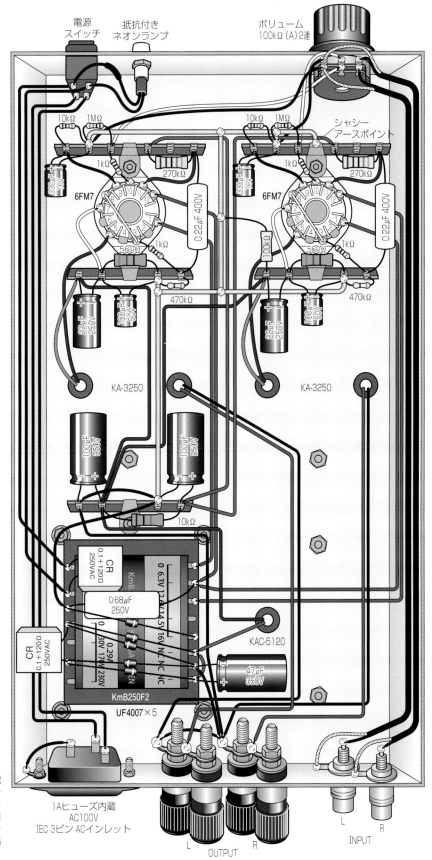

ボリュームの取り付け方向と配線，スピーカー端子の配列，その他の配線の取り回しは，図を見やすくするために実機とは異なる形で描いている．出力トランスの使用しないリードは省略した（23ページの写真参照）

本機に使用したRCA製6FM7.
RCA以外のメーカーでも大量に
製造されたものなので現在も流
通量は豊富

同じRCA製6FM7でも，電極構造や
外形の異なるものがあるので，左右チ
ャンネルに同じタイプのものを使用す
る．タイプによる新旧などは不明

入手が容易になったコンパクトロン用ソケッ
ト．取り付け金具によって，シャシーの上か
らでも下からでも取り付けられるのでデザイ
ンの自由度が高まる．取り付け孔はφ27mm.
問い合わせはテクソル（TEL053-468-1201,
https://www.tec-sol.com/）まで

外形はMT管よりひとまわり大き
いコンパクトロン（12ピン）です．
垂直発振/垂直偏向管には複3極
管のほかにも，3極管と5極管の
組み合わせもあり，オーディオ用
に使われるものとして特に有名な
のは，**6BM8**や**PCL86**（**6GW8**）など
でしょう．

複3極管とは，同じ特性の3極
管2ユニットを1つのバルブに収
めた双3極管とは異なり，特性の
異なる2つのユニットが1つのバ
ルブに入っているものです．**6FM7**
はハイμの発振用第1ユニットと
ローμの出力用第2ユニットの組
み合わせです．ハイμの第1ユニッ
トはプレート損失が1W，μが66,

g_mが2.2mSで，直線性はあまり
良くありません（**図2**）．

第2ユニットはプレート損失が
10Wで，内部抵抗920Ωは**2A3**
並みです．μは**2A3**よりも高い5.5
で，g_mも6mSあります．こちら
も第1ユニット同様，直線性はあ
まり良くはありません（**図3**）．

もともと，垂直偏向出力管は60
Hzのノコギリ波を増幅するため
のもので，直線性の良いノコギリ
波では偏向用出力トランスによっ
て歪んでしまいます．偏向コイル
に直線性の良い電流を供給するた
めに，あらかじめ歪んだ信号を偏
向用出力トランスに流して補正し
ます．そのため，垂直偏向出力管

は，バリμ管のような特性のほう
がいいのです．これは3極管での
歪みの打ち消しに似ています．

この垂直偏向用複3極管は種類
が多く，外形もコンパクトロンの
ほか，GT，9T9，MT9ピン，ノー
バルなど，形状は多様です．主な
垂直偏向用複3極管を**表1**にまと
めました．

今回使用した**6FM7**はRCA製で
すが，60本ほどある手持ちの**6FM
7**を調べてみると，電極構造が異
なるものが少なくとも6タイプあ
りました．使用量が多かったため
にいくつかのメーカーでOEM生
産していたようで，**6FM7**と銘打っ
ていても，同じものではないと考
えたほうがいいと思います．それ
ぞれの特性に合わせて調整すれば
最適な条件になるのですが，本機
は，どの**6FM7**でも実用的な性能
が得られるように冗長性を持たせ
て設計しているので，測定器を持
たない初心者でも安心してトライ
できます．

動作条件の検討

(1) 出力段

6FM7の第2ユニットを出力段
に使用します．第2ユニットのプ
レート特性（**図3**）を見ると，プ
レート電流が20mAから曲がり

MAXIMUM RATINGS (Cont'd)

DESIGN-MAXIMUM VALUES	Vertical Oscillator Service (Section 1)§	Vertical Deflection Amplifier (Section 2)§	
DC Plate Voltage	350	550	Volts
Peak Positive Pulse Plate Voltage	----	1500	Volts
Peak Negative Grid Voltage	400	250	Volts
Plate Dissipation	1.0	10#	Watts
DC Cathode Current	----	50	Milliamperes
Peak Cathode Current	----	175	Milliamperes
Heater-Cathode Voltage			
Heater Positive with Respect to Cathode			
DC Component	100	100	Volts
Total DC and Peak	200	200	Volts
Heater Negative with Respect to Cathode			
Total DC and Peak	200	200	Volts
Grid Circuit Resistance			
With Fixed Bias	1.0	1.0	Megohms
With Cathode Bias	2.2	2.2	Megohms

CHARACTERISTICS AND TYPICAL OPERATION

AVERAGE CHARACTERISTICS		Section 1 (Oscillator)		Section 2 (Amplifier)	
Plate Voltage	250	60	175		Volts
Grid Voltage	-3.0	0#	-25		Volts
Amplification Factor	66	---	5.5		
Plate Resistance, approximate	30000	---	920		Ohms
Transconductance	2200	---	6000		Micromhos
Plate Current	2.0	95	40		Milliamperes
Grid Voltage, approximate					
Ib = 20 Microamperes	-5.3	---	---		Volts
Grid Voltage, approximate					
Ib = 200 Microamperes	---	---	-45		Volts

[**図1**] 6FM7の主な規格（GEの1963年版データシートから抜粋）

シャシー内部の配置

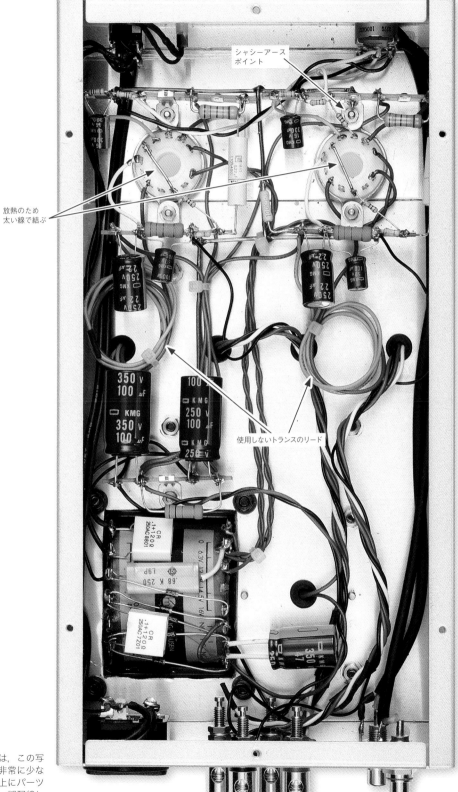

シャシーアース
ポイント

放熱のため
太い線で結ぶ

使用しないトランスのリード

実際の配線の取り回しは，この写
真を参考に，パーツは非常に少な
く，真空管ソケットの上にパーツ
や配線がないので，万一誤配線し
ても修正は容易

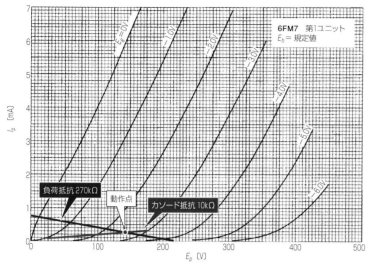

[図2] 6FM7の第1ユニットのプレート特性と動作点（GEの1963年版データシートを基に作成）

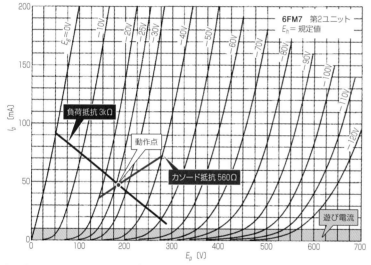

[図3] 6FM7の第2ユニットのプレート特性と動作点（GEの1963年版データシートを基に作成）

始めて10mAでは大きく曲がっています．これはインゼル効果によるもので，プレート電圧が高くなるほど曲がりが大きくなります．

シングルアンプの出力段では，この部分をなるべく使わないようにすると低歪みになりますが，大きな出力が得られません．一方，プッシュプルでは相互の打ち消しがあるためにこの部分も使え，大出力が効率よく得られます．したがって，垂直偏向出力管を「無駄なく」使用するには，シングルよりプッシュプルが向いていると言えるでしょう．

当初，出力段には250Vほどかけて，負荷抵抗5kΩで設計していました．実験段階で，250VのB電源と100kΩの負荷抵抗で第1ユニット（初段）のゲインを測定したところ，μが66あるので30倍は楽に得られると思っていましたが，バイアス電圧を深くしたためか，約22倍にしかなりませんでした．

ゲインを上げて，NFB（負帰還）で歪率を低くしようとしたのですが，それ以上に感度が低下するのでNFBの採用は諦めて，歪みの打ち消しで対処することにしました．具体的には負荷抵抗を3kΩとし，バイアスを浅くして再設計

[表1] 主な垂直偏向用複3極管の比較

管　種		6FM7	6EM7	6GF7	6FD7	6FY7	6DR7	6EW7
ヒーター電圧	〔V〕	6.3	6.3	6.3	6.3	6.3	6.3	6.3
ヒーター電流	〔A〕	1.05	0.9	0.985	0.925	1.05	0.9	0.9
形状		コンパクトロン	GT	ノーバル	9T9	コンパクトロン	9ピンMT	9T9
第2ユニット								
最大プレート電圧	〔V〕	550	330	330	330	275	275	330
プレート損失	〔W〕	10	10	11	10	7	7	10
プレート内部抵抗	〔kΩ〕	0.9	0.75	0.75	0.8	0.92	0.925	0.8
g_m	〔mS〕	6	7.2	7.2	7.5	6.5	6.5	7.5
μ		5.5	5.4	5.4	6.0	6.0	6.0	6.0
プレート電流	〔mA〕	50	50	50	50	50	50	50
第1ユニット								
最大プレート電圧	〔V〕	350	330	330	330	330	330	330
プレート損失	〔W〕	1	1.5	1.5	1.5	1	1	1.5
プレート内部抵抗	〔kΩ〕	30	40	40	40	40.5	40	8.75
g_m	〔mS〕	2.2	1.6	1.6	1.6	1.6	1.6	2
μ		66	68	64	64	65	68	17.5

しました.

プレート電圧の変更によって電源トランスを,予定していたKmB165F (0-140V-200V) から170VのタップがあるKmB250F2に変更しました.

出力段カソード抵抗820Ωで,プレート電流を36mAほど流した状態で測定したところ,ゲインは20dB強しかなく,歪率も悪くなっていました.そこに6dBのNFBをかけるとゲインは12dBまで下がるので,やはり実用的ではありません.

そこで,出力段のバイアスを浅くして直線性の良い部分だけを使うことにし,遊び電流を約10mAとしました.

また,初段の動作点をずらしてバイアスを深くすることによって初段の歪みを増やし,出力段の歪みを打ち消すことにしました.バイアスを深くすることによってゲインが低下しますが,NFBほどは低下しないはずです.

(2) 初段

初段のカソード抵抗は10kΩとしています.前述のように,**6FM7**にはさまざまなタイプがあり,バラツキが大きいので使用する個体によって最適値は変化します.

カソード抵抗を5kΩ,10kΩ,20kΩに変えて測定したゲインが

表2,歪率の比較が図4です.カソード抵抗を細かく調整すると,もう少し歪率が下がる可能性があるのですが,本機は入門用で,測定器を持っていなくても製作できるよう,真空管にバラツキがあっても満足できる結果になる値として,10kΩを選びました.

■ 回路構成

本機の回路を図5に,主要部品を表3に示します.

(1) 初段

入力された信号は100kΩ Aカーブのボリュームのスライダーから取り出されます.スライダーとアース間には,オープン防止の1MΩが入っており,信号は**6FM7**の第1ユニットのグリッド(10番ピン)へ,寄生発振防止の1kΩを通して入っています.

私のアンプでは初段にバイパスコンデンサーを使わないことが多いのですが,本機はゲインが低いことと,歪みをコントロールして出力管と打ち消しあいたいので,カソードにバイパスコンデンサー(330µF/16V)を入れています.

ゲインを高くしたいので,負荷抵抗は高めの270kΩとしました.2W型が入っていますが1/2W型で十分です.

カップリングコンデンサーは

0.22µF/400Vです.ビシェイのMKT1813を使っています.ASC(アメリカンシヅキ)ではビシェイよりすっきりした音色になるはずで,マロリーの150シリーズでは柔らかい音質になると思います.いろいろ交換して,好みの音質に仕上げてください.

(2) 出力段

出力段のグリッドリーク抵抗は470kΩにしました.**6FM7**の第2ユニットのグリッドリーク抵抗は,固定バイアス型では1MΩまで許容されていますが,実際にプレートに250Vをかけてみたところ,2.2MΩではグリッド電流の影響が見られたので470kΩまで下げることにしました.

第1ユニット同様,第2ユニットのグリッドには1kΩが接続されています.3番ピンと8番ピンは内部でグリッドに接続されているので,電気的には接続する必要がないのですが,太めのスズメッキ線でつなぐことで放熱しています.

カソード抵抗は560Ω 3Wにしたのでバイアスは27.5Vになり,プレート電流は約49mA流れます.プレート電圧は180Vなので,プレート損失は約9Wです(規格値は10W).

カソードのバイパスコンデンサーは100µF/50Vが対アース間

[表2] 初段のカソード抵抗値を変化させたときのゲイン(出力8Ω,1V時)

R_k	5kΩ	10kΩ	20kΩ
入力電圧	117mV	134mV	162mV
ゲイン	18.6dB	17.5dB	15.8dB

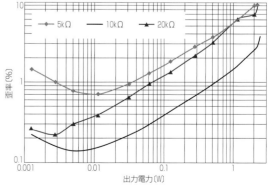

[図4] 初段のカソード抵抗値を変化させたときの出力の歪率(出力8Ω,1V時)

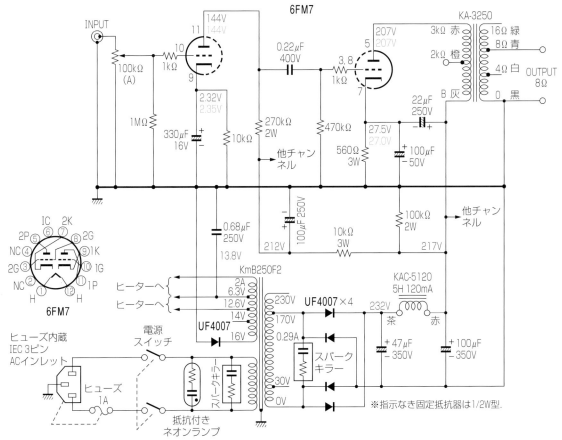

[図5] 本機の回路（片チャンネル分）．赤字はRチャンネルまたは両チャンネル共通，青字はLチャンネル

に入っています．

　カソードとB電源の間に22μF/250Vが入っています．これにはカソードのバイパスコンデンサーとB電源間と，バイパスコンデンサーとアース間に現れる電源リップル波形の位相が逆相なのを利用して残留リップルによるノイズを低減する働きがあります．このコンデンサーの最適な容量は，経験的にアース間バイパスコンデンサーの容量（100μF）をμ（5.5）で割ったあたりにあるようなので，100μF/5.5≒18.18に近い22μFとしています．

　負荷抵抗は3kΩです．出力トランスはECL805シングルパワーアンプにも使ったKA-3250にしました．そのときにも触れましたが，このトランスは広帯域型の出力トランスではありません．インダクタンスも少なめなので，音質向上のために，できれば少しNFBをかけたいところです．出力段のバイアスを浅くしたのでグリッド電圧が0Vに達し，クリップした後でもマイナス側はカットオフまで至らず，遊び電流が10mA以上残っています．

（3）電源部

　電源トランスの2次側にもスパークキラーが入っているのは転流ノイズ低減のためです．

　B電源は170VタップをUF4007でブリッジ整流しています．コンデンサーインプットのコンデンサーは47μF/350Vです．そこから5H/120mAのチョークコイルと100μF/350Vで平滑し，そこか

ら出力トランスへ供給しています．

　初段の電源は，10kΩと100μF/250Vでデカップリングしています．

　6FM7のヒーターは6.3V/1.05Aなので，並列にするとヒーター巻線の2Aをわずかながら超えてしまいます．そのため，回路図のように左右別に配線しています．

　ヒーターにはバイアスをかけています．ダイオードとコンデンサーしかないため，わかりにくくなっていますが，UF4007で9.7V（16V－6.3V間）を半波整流して約13.8Vを得ています．0.68μFは平滑コンデンサーです．単純ですが，消費電力がほとんどない回路です．

┃ パーツ配置と組み立て

　真空管が2本だけ，しかも太目

[表3] 本機の主要部品

項　目	型番/定数		数量	メーカー	備　考	購入先（参考）
真空管	6FM7		2	RCA	メーカー不問	クラシックコンポーネンツ
真空管ソケット	12ピンコンパクトロン用		2		写真参照	テクソル
電源トランス	KmB250F2		1	春日無線変圧器		春日無線変圧器
出力トランス	KA-3250		2	春日無線変圧器		春日無線変圧器
チョークコイル	KAC-5120		1	春日無線変圧器	5H, 120mA	春日無線変圧器
シリコンダイオード	UF4007		5	ビシェイ	手持ち	バンテックエレクトロニクス
コンデンサー	0.22μF	400V	2	ビシェイ	フィルム型，MKT1813 ERO	海神無線
	100μF	350V	1	日本ケミコン	縦型電解，KMG	海神無線
	47μF	350V	1	日本ケミコン	縦型電解，KMG	海神無線
	100μF	250V	1	日本ケミコン	縦型電解，KMG	海神無線
	22μF	250V	2	日本ケミコン	縦型電解，KMG	海神無線
	0.68μF	250V	1	日立MTB	フィルム型，手持ち品	
	100μF	50V	2	日本ケミコン	縦型電解，KMG	海神無線
	330μF	16V	2	日本ケミコン	縦型電解，KMG	海神無線
固定抵抗器	10kΩ	3W	1		酸化金属皮膜型	海神無線
	560Ω	3W	2		酸化金属皮膜型	千石電商
	270kΩ	2W	2			千石電商
	100kΩ	2W	1		酸化金属皮膜型	海神無線
	1MΩ	1/2W	2		カーボン型	千石電商
	470kΩ	1/2W	2		カーボン型	千石電商
	10kΩ	1/2W	2		カーボン型	千石電商
	1kΩ	1/2W	4		カーボン型	千石電商
可変抵抗器	100kΩ Aカーブ2連		1		φ16mm	
ツマミ	ツマミ		1		好みのもの	
シャシー	P-212		1	リード	150×280×60mm	エスエス無線
立てラグ板	1L6P		2	サトーパーツ	L-590	海神無線
	1L4P		3	サトーパーツ	L-590	海神無線
スパークキラー	0.1μF＋120Ω		2	ルビコン		海神無線
パイロットランプ	抵抗付きネオンランプ		1			
ACインレット	IEC 3ピン		1		ヒューズ内蔵	千石電商
ヒューズ	1A		2	スローブロー型	1本は予備	海神無線
電源スイッチ	シーソー型		1		手持ち	
RCAピンジャック	CP-212		1組	アムトランス	赤，白	海神無線
スピーカー端子			2組		赤，黒	海神無線

のコンパクトロンなので，真空管を前面に出した縦型配置にしてほしいという編集部のリクエストに応えてデザインしました．

シャシー加工図は図6，シャシー上のパーツ配置は図7です．

シャシーはリードのP-212（150×280×60mm）を使用しました．天板の内側には1mm厚のアルミ板を重ねて二重にしていますが，これは雑誌掲載の撮影のための輸送時に変形しないようにする補強なので，家庭での通常の使用では必要ありません．

真空管がよく見えるようにしたので，真空管をフロントパネル側にかなり近づけています．見栄えはいいのですが，フロントパネルに近い部分は配線しにくいかもし

れません．真空管の位置を10mm奥に移すとぐっと配線がしやすくなるので，配線に自信がないときは検討してください．その際は，長さ（奥行き）だけが20mm長い，P-112（150×300×60mm）にするとバランスがよいでしょう．

電源トランスは，前述の理由でKmB250F2にしましたが，アンプの規模に対して容量的にも体積的にも大きくなってしまいました．シャシーに対して電源トランスが大きいので，電源トランスを取り付けてからでは配線がやりにくくなってしまいます．電源トランス取り付け前にダイオードなどを取り付け，1次側のAC回路の配線のリードを出しておくとよいでしょう．

この電源トランスの無接続端子

（ラベルにNCと表示）は巻線に接続されておらずラグ端子と同様に使用できるので，トランスの上でブリッジ整流が組めます．

配線の注意と配線材

シャシー内部の部品の値が見えるように配慮して部品を取り付けています．特に，縦型電解コンデンサーの取り付けの際には，値が見えるように注意しています．これは，後に修理や改造をする際に便利なので，常に心がけておくとよいでしょう．

また，コントロールグリッドに接続されるラグ端子のとなりの端子には高圧がかかる端子が来ないようにしています．これは，高圧が信号回路に飛びつかないように

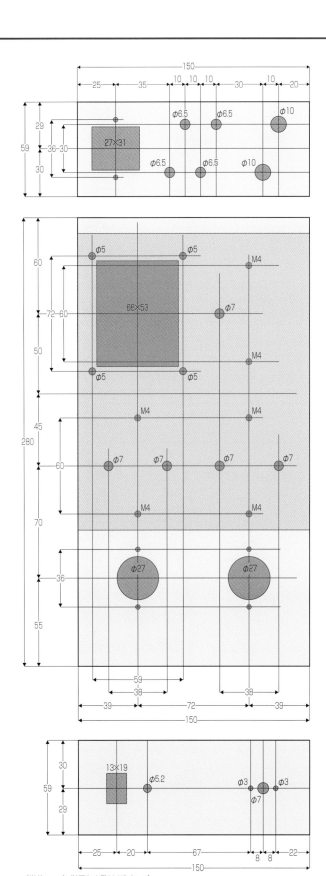

（単位：mm）指示なき孔は M3 タップ

[図6] シャシー加工図

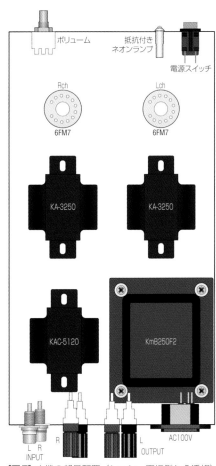

[図7] 本機の部品配置（シャシー天板側から透視）

シャシーを俯瞰．出力トランスとチョークコイル
が同形状なので，据わりのよい部品配置となった

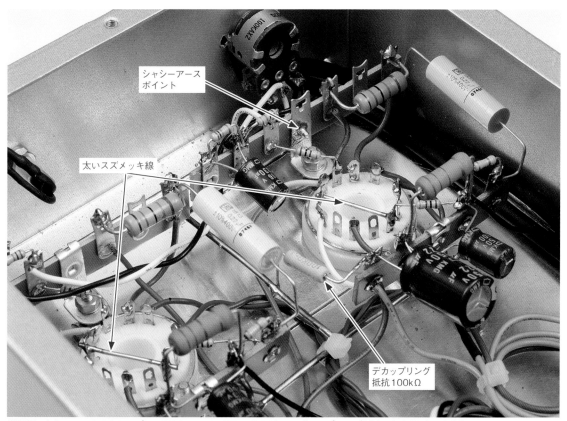

増幅部. 左右チャンネルともにパーツ配置はまったく同じ（100kΩのデカップリング抵抗は左右共通）. 真空管ソケットの3番と8番の端子を太いスズメッキ線で結んで放熱している

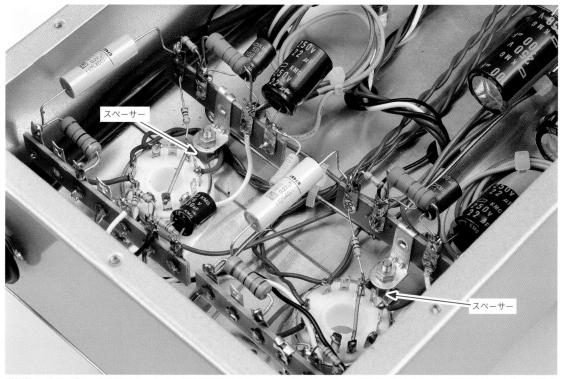

増幅部の別アングル. 真空管ソケットの上の空間をあけることで, 点検やメンテナンスを容易にしている. 真空管ソケットと共締めされている立てラグ板をスペーサーで上げることで配線作業が楽になる

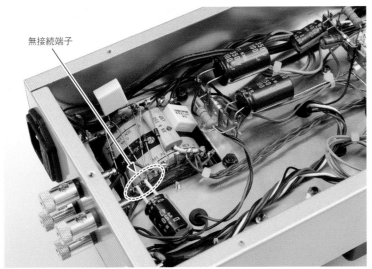

無接続端子

電源部をトランス2次側のスパークキラーを起こして撮影．電源トランスの無接続（NC）端子を利用してダイオードなどを取り付ける．トランスを取り付けてからでは作業が難しいので，できるだけトランス上のパーツを取り付けてからシャシーに取り付ける

2本を並行に

アース母線が細いときは，2本並行させてインピーダンス低下を図る（筆者製作の別のアンプの例）

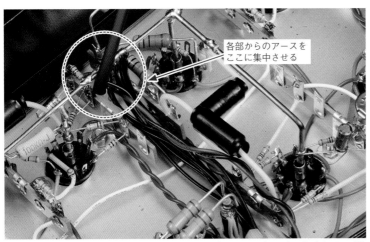

各部からのアースをここに集中させる

アースは渡り配線せず，できるだけシャシーアースポイントに近い1点に集中させる（筆者製作の別のアンプの例）

する配慮です．

ここで，私が使用している線材とアースについて説明します．

私のアンプはアース母線（櫓アース）を中心に配線するように設計／レイアウトしています．

スタンドオフ端子やMT管ソケットのセンターピン，立てラグ板などを使ってアース母線を組み立てるのですが，共通インピーダンスを下げるためには，できるだけ太い線材を使うほうが有利です．

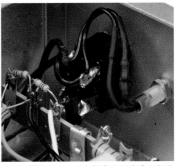

両切り電源スイッチを使うのは安全のためだが，パイロットランプへの配線の簡略化というメリットもある

狭いパネル上に入出力端子を並べると，スピーカー端子へのケーブル取り付けの際に指が入りにくいが，斜めにずらして取り付けると使いやすくなる

真空管アンプによく使用される太さの被覆線の例．左からAWG22，20，18．数字が大きいほど細い

[表4] 残留ノイズ

	オープン（8Ω）			ショート（8Ω）		
フィルター	なし	400Hz	Aウエイト	なし	400Hz	Aウエイト
Lch〔mV〕	0.640	0.150	0.082	0.250	0.022	0.006
Rch〔mV〕	1.400	0.056	0.032	1.400	0.046	0.028

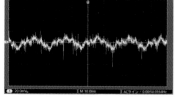

(a) Lch（20mV/div, 5ms/div）

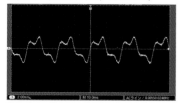

(b) Rch（2mV/div, 5ms/div）

[写真1] 残留ノイズの波形

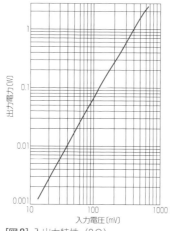

[図8] 入出力特性（8Ω）

通常φ2mmの銅線を使用していますが，立てラグ板のハトメ孔には太すぎるので，そこだけφ1.6mmの線材を使っています．

細い線を使う際には，2本の線を並行に並べることで共通インピーダンスを下げています．

アース以外の配線には，AWG 24の被覆線を使っています．真空管アンプにはもっと太い線を使うことが多いのですが，私は製作のしやすさを優先して，細くて扱いやすい線を使うようにしています．

線材にも抵抗があり，太いほうが抵抗値が低いので，インピーダンスの点では有利なのですが，特にアースラインは渡り配線せずに1本ずつの配線にして共通インピーダンスを減らすことに主眼を置いています．その結果，配線は多くなりますが，電線の抵抗分を抑えることができます．

諸特性

前述の通り，出力と歪率を勘案した結果，無帰還アンプになりました．

残留ノイズ（表4）はオープンでRchが1.4mV，Lchが0.64mVでした．ショートではRchが1.4mV，Lchが0.25mVでした．

残留雑音は50Hzのハムが主体でした（写真1）．特にRchは電源トランスからの誘導雑音を拾っています．実用上問題ない値なのですが，前述のようにケースを20mm長いP-112に変更して電源トランスとチョークコイルから出力トランスを離すとさらに改善するはずです．

入出力特性は図8です．1kHzのクリッピングポイントは4.2Vだったので，出力は2.2W程度になるかと思います．クリッピング

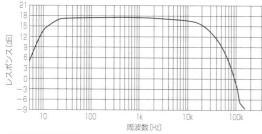

[図9] 周波数特性（1V，8Ω）

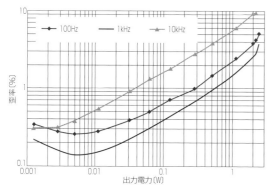

[図10] 歪率特性（8Ω）

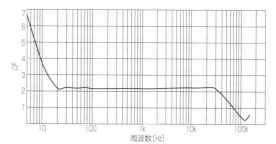

[図11] ダンピングファクター（8Ω）

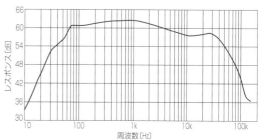

[図12] チャンネルセパレーション特性（8Ω）

ポイントは上の頭がスパッと切れ、下は丸まる感じです。この時点で遊び電流が残っているので、このようになります。

各入力電圧の1kHz正弦波の歪みを**写真2**に示します。クリッピングポイントまで、ほとんど2次高調波歪みであることがわかります。

1V、8Ω時の周波数特性は低域寄りになりました（**図9**）。−1dBで16Hz〜11kHz、−3dBで10.7Hz〜23kHzとなりました。無帰還なので位相補正は不要です。高域が早く落ちているのは、初段の負荷抵抗が270kΩと高いのも関係しています。100kΩ程度まで下げることはできると思います。

出力トランスKA-3250の性質から高域の低下は素直なので、NFBをかけたいところです。次に**6FM7**シングルを製作するときは、初段を追加してゲインを上げ、NFBで調整したいと思います。

ゲインは、17.5dBと少なめになりました。

歪率特性は**図10**です。最低値は1kHzで0.2V時の0.14％でした。100Hz、1kHzのカーブはほぼ似ていますが、10kHzは歪率が高くなっています。歪みの打ち消しをしている関係で高域で位相が回り、打ち消しがうまくいっていないためだと思われます。**ECL 805**シングルでは、10kHzが最も低歪みだったのと対照的です。

10kHzの方形波応答は**写真3**です。**写真3（a）**の純抵抗8Ωは立ち上がりが遅く、リンギングなどは見られません。8Ωにコンデンサーを足していきましたが、ほとんど変化が見られなかったので省略しました。

無負荷（**写真3（b）**）でも小さいオーバーシュートが見られ、その後に1波リンギングが見えます。コンデンサーのみ接続したものが

写真3（c）〜（f）です。0.047μFではオーバーシュートが大きくなり、リンギングも大きくなっています。0.1μFではオーバーシュートとリンギングがさらに大きくなりました。0.22μFではオーバーシュートが最大になります。0.47μFではリンギングが半波になります。

ダンピングファクターは1kHzで2.17でした（**図11**）。ダンピングファクターは30kHzまでほぼフラットで、そこからだらだら下降しています。出力トランスのリーケージインダクタンスによる現象でしょう。150kHzで少し上昇しており、また20Hzから下も上昇しています。無帰還なので、周波数の上昇とともに出力トランスの電磁結合が減り、2次側の巻線抵抗のみでショートされる形になります。そのため、低域がだぶついた感じになりにくいようです。

一般に、出力トランスは大型の

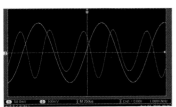
(a) 1V（入力50mV/div、
　　出力500mV/div、250μs/div）

(b) 3V（入力200mV/div、
　　出力500mV/div、250μs/div）

(c) 4.2V（入力2V/div、
　　出力500mV/div、250μs/div）

[写真2] 1kHz正弦波と歪み成分（8Ω．入力：黄、出力：青）

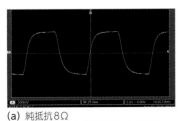
(a) 純抵抗8Ω

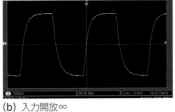
(b) 入力開放∞

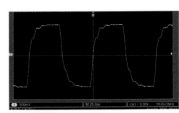
(c) 純容量0.047μF

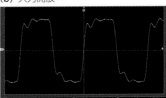
(d) 純容量0.1μF
(e) 純容量0.22μF
(f) 純容量0.47μF

[写真3] 10kHz方形波応答（出力のみ．500mV/div、25μs/div）

ほうが低域の点で有利という傾向がありますが，無帰還シングルアンプに規模に見合わない大きな出力トランスを使うと，インダクタンスが大きいので低域がだぶついてしまいやすいのはそのためで，回避には工夫が必要です．

チャンネルセパレーションの実測結果は**図12**です．

消費電力は34Wで，消費電流は0.41Aでした．電源トランスが大きいためかラッシュ電流が大きく，1Aのヒューズが切れることがあったので，スローブロー型のヒューズにしました．

計測機器は，パナソニックVP-7720A（オーディオアナライザ

ー），テクトロニクスTBS1052B（デジタルオシロスコープ），日立V-552（オシロスコープ），サンワPC500（デジタルテスター），トリオ（VT-121）ミリボルトメーターなどを用いました．

┃ヒアリング

比較試聴に使用したアンプは，広帯域な**22JR6** UL接続プッシュプル（『MJ無線と実験』2020年1月号掲載）で，電源トランスを大きなものに交換してアイドリング電流を60mAに改造したものです．

いつも試聴に使用するイェルク・デームスの「月の光」（ドビュッシー）を本機で聴くと，高域に

キラキラ感が加わった感じがします．湖の深さは**22JR6**も同じくらいですが，本機では少し濁ったように感じます．ソプラノでは高域の歪みが若干多いためか，少しですがピリッとした感じがあります．データ的には高域特性があまり良いとはいえませんが，オーケストラなどはまったく違和感なく聴くことができます．

34ページ掲載の**ECL805**シングルとも比較してみました．本機のほうが，より音源が近い感じに聴こえるのは，残響の付帯が少ないからでしょう．

コンパクトなのでサブアンプとしても最適だと思います．

存在感たっぷりのコンパクトロンを前面に置いたデザイン．小型ながら2.2Wの出力用で，入門用としてだけではなくBGM用などのサブアンプに好適

リアパネル．前述のように入出力端子を斜めに取り付けることで，狭いパネル面を有効に使っている．ヒューズ内蔵型のACインレットを使うのもコンパクト化に寄与している

 AND MORE !!

トランスを替えて特性をアップ

本機では，前段の追加などをしないとNFBをかける余地はほぼありません．そのため，他社のトランス類を使用するといったバリエーションを考えてみます．

まず，電源トランスをゼネラルトランス販売のPMC-130Mに載せ替えることが考えられます．取り付け寸法は同じで，コストも同じくらいです．B電源が13Vほど上昇しますが，それでもまだプレート損失が8.8Wなので問題はないと思います．出力も2.4W程度まで上昇すると思います．

コストダウンしたいときは東栄変成器のPT-10Nに変更するのはいかがでしょうか．ヒーター巻線が1Aなので，1.05Aの**6FM7**には少し小さいのが気になりますが，オーバーはわずか5%なので問題はないと思います．B巻線が160Vに下がってしまうので，出力は2Wを切ってしまいそうです．また，コアサイズがひとまわり小さい

ので，シャシー加工寸法の変更が必要です．

コストは上昇しますが，出力トランスの載せ替えを考えてみます．このアンプでは3つの周波数の歪率カーブ（**図10**）がそろっていません．NFBを使わず歪み打ち消しのみのため，出力トランスのインダクタンスが大きくないと位相が揃わないことが原因ですが，日常の使用では問題ありません．それでも歪率カーブをそろえるために，このシャシーに載る最大サイズと思われる，ゼネラルトランス販売のPMF-15WSを考えてみます．PMF-15WSに変更しても，ほかの定数の変更はありませんが，なるべく出力トランスを前に出して（電源トランスと離して）ください．コアの方向が電源トランスと同じになるので，電磁誘導でハムレベルが左チャンネルだけ大きくなりそうです．そこに気を付けて載せ替えれば，歪率カーブはそろうはずです．

（長島　勝）

2020年8月発表

片チャンネル真空管1本だけで出力2.6W

ECL805 単管シングルパワーアンプ

長島　勝

たった1本の真空管で1チャンネルの増幅を行うシンプルなシングルアンプ．3極部とビーム4極部を1つのバルブに収めた複合MT管ECL805（ECL85/6GV8）2本だけで2段増幅のステレオアンプを構成．整流管やチョークコイルを使わず，自己バイアス方式の採用や，音質をスポイルする位相補正を排すことで部品点数を抑えているので，材料費は約3万円となった．小型ながら出力は2.6Wで，サブアンプとしては十分．聴き疲れしない素直な音質のアンプに仕上がった．

真空管1本で 1チャンネル

　真空管アンプ自作入門には，真空管数の少ない小型アンプが向いています．回路がシンプルで失敗が少なく，費用もかからないのでチャレンジしやすく，軽量なので作業が容易というメリットがあります．初めて作ったアンプから音が出たときの感動と，自分で作ったアンプを愛用する楽しみは，アンプの大小を問いません．

　真空管1本で1チャンネルをまかなうパワーアンプを作るとなる

と，かつては5極管によるクリスタルピックアップ用のアンプなどがあり，私も中学生のとき，**50EH5**単段ステレオアンプを作った憶えがありますが，現在は**6BM8/ECL82**系や**6GW8/ECL86**系（**14GW8/PCL86**であれば入手は容易）といった3極5極複合MT管を使うのが一般的です．

　表1に示す候補から，今回は**6BM8**をひとまわり大きくした規格の複合管**18GV8**の6.3V管である**ECL85/6GV8**を採用しました．本機には手持ちの関係で，**ECL85**の上位互換管**ECL805**（テスラ製）を使

用しましたが，後述のように規格はほぼ同じなので，**ECL85/6GV8**も同様に使用できます．

出力管の動作

(1) ECL85とECL805

　ECL85はテレビ受像機の垂直発振，垂直偏向出力管で，**ECL85**と**ECL805**（**図1**）の違い（**表2**）は5極部のプレート損失などですが，各メーカーが公表している規格値にはわずかな違いが見られ，統一されてはいないようです．

　規格値はメーカーによって異なるものの，いずれのデータシート

実体配線図

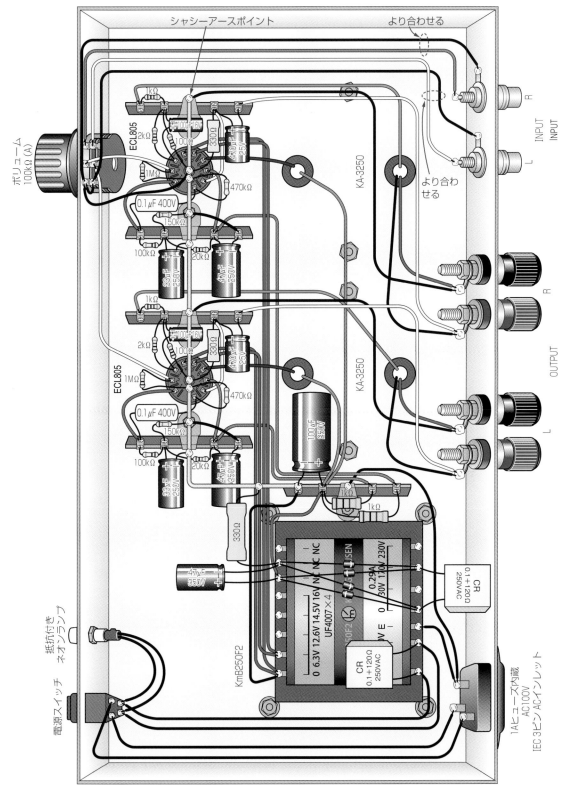

重なって取り付けられている部品（整流ダイオードなど）が見やすいように，実際のシャシー内部
とは異なる部品配置で描いている．使用しない出力トランスのリード線は省略した

[表1] 1本で1チャンネルのパワーアンプが作れる3極5極複合管の例（ヒーター電圧はいずれも6.3V）

欧州名	米国名	ヒーター電流〔A〕	5極部プレート損失〔W〕	3極部 μ
ECL80	6AB8	0.3	3.5	20
ECL81	—	0.6	6.5	55
ECL82	6BM8	0.78	7	70
ECL83	—	0.6	5.4	85
ECL84	6DX8	0.72	4	65
ECL805	—	0.9	8	60
ECL85	6GV8	0.9	7	50
ECL86	6GW8	0.7	9	100

[表2] ECL85とECL805の規格（CIFTE/Mazda-Belvuのデータシートを基に作成）

管　種			ECL85		ECL805	
ヒーター電圧 E_h	〔V〕		6.3		6.3	
ヒーター電流 I_h	〔mA〕		875		875	
		3極部	5極部	3極部	5極部
最大プレート電圧 $E_{p\,max}$	〔V〕	550	550	550	550
プレート電圧 E_p	〔V〕	250	250	250	300
最大プレート損失 $P_{p\,max}$	〔W〕	0.5	7	0.5	8
スクリーングリッド電圧 E_{g2}	〔V〕	—	250	—	250
スクリーングリッド損失 P_{g2}	〔W〕	—	1.5	—	1.5
カソード電流 I_k	〔mA〕	15	75	15	75
カソード抵抗 R_k〔MΩ〕（自己バイアス）		3.3	2.2	3.3	2.2
（固定バイアス）		1	1	1	1
増幅率 μ		60	—	60	—
相互コンダクタンス g_m	〔mS〕	5.5	7.5	5.5	7.5
ヒーター・カソード耐圧 $E_{h\text{-}k}$	〔V〕	100	100	200	200

本機にはテスラ製のECL805を使用.ほかにもイーアイエリートやテレフンケンなどのメーカーが生産していた.ECL85/6GV8もGEやフィリップス,RCAなどが生産しており,メーカーを問わなければ安価に入手できる

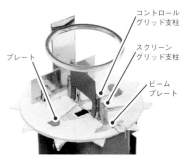

テスラ製のECL805を割ってみると,5極管ではなくビーム4極管であることがわかったので,本稿ではECL805を3極ビーム4極複合管としている

CARACTERISTIQUES GENERALES

Cathode à chauffage indirect
Alimentation du filament en parallèle
Tension filament .... Vf .... 6,3 V
Courant filament .... If .... 875 mA
Ampoule A22-4
Embase .... 9C12 (noval)
Position de montage .... quelconque

BROCHAGE ET ENCOMBREMENT

Broche n° 1 .... Anode Triode
Broche n° 2 .... Grille Triode
Broche n° 3 .... Cathode Triode
Broche n° 4 .... Filament
Broche n° 5 .... Filament
Broche n° 6 .... Anode Pentode
Broche n° 7 .... Grille n° 2
Broche n° 8 .... Cathode Pentode, grille n° 3, blindage
Broche n° 9 .... Grille n° 1

φ 22,2 max

A22-4

71,4 max

9C12

7,14 max

[図1] ECL805の規格（CIFTE/Mazda-Velvuのデータシートより抜粋）

でも **ECL805** は3極5極複合管と表示されています.しかし,本機に使用したテスラ製の **ECL805** は5極部とされるユニットにサプレッサーグリッドの支柱がなく,ビームプレートが見られるので,本稿では **ECL805** を3極ビーム4極複合管として扱っています.

ECL85 も **ECL805** もヒーター電流は875mAとされていますが,メーカーによっては900mAと表示されていることもあります.3極部の μ は60で,g_m は5.5mSです.

（2）ロードラインと動作条件

ECL85 には,一般の音声出力管のように動作例がありません.そのため自分でロードライン（負荷線）を引くことになります.

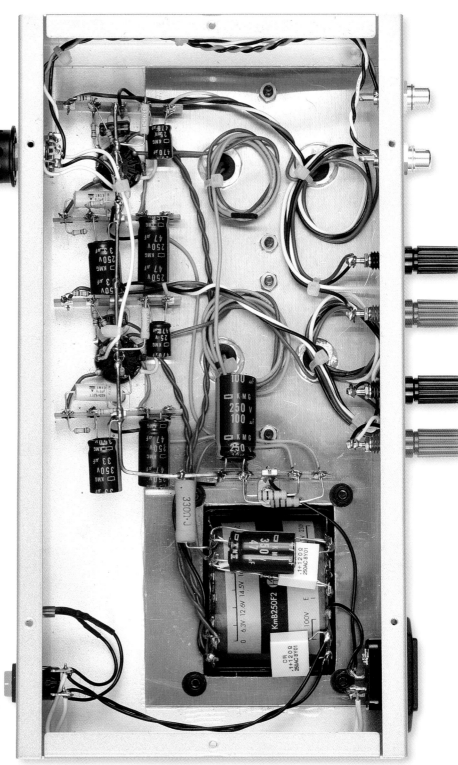

シャシー内部の配置

部品点数は少なく，余裕をもったレイアウトで，左右の増幅部がまったく同じ部品配置なので，製作もチェックも容易．出力トランスと電源トランスの下に当たる部分にはアルミ板で補強がなされている（本文参照）

ロードラインの例としてよく使用される**6L6**では，グリッドを0Vまで振るようにロードラインを引きます（**図2**）．しかし，**6BM8**の

ロードライン（**図3**）を見ると−6Vのところで止まっており，グリッド電圧がそれ以上になってもプレート電流は増えません．そのため

ECL85も**6BM8**と同じく，グリッドが0Vに達しないロードラインを引くことにします．データシートには，E_{g2}が210Vと170Vのプ

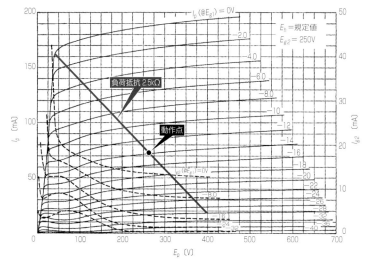

[図2] 6L6のプレート特性とロードライン（GEの1959年版データシートを基に作成）

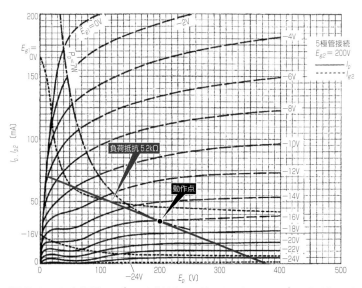

[図3] 6BM8（5極部）のプレート特性とロードライン（フィリップスECL82の1956年版データシートを基に作成）

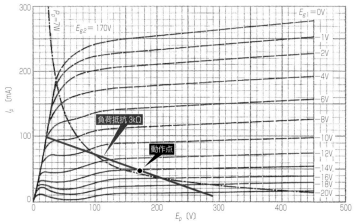

[図4] ECL85のプレート特性とロードライン（CIFTE/Mazda-Belvuのデータシートを基に作成）

レート特性図がありましたが，今回はE_pとE_{g2}を170Vとして作図することにします（**図4**）.

出力トランスのインピーダンスは，検討の結果3kΩとしました.動作点でのバイアス電圧は−15V，I_pは41mA，I_{g2}は2.7mAになります.これらの値は，データシートの数値を使いました.

バイアス抵抗の計算値は343Ωになったので，E6系列の値から330Ωとしました.

プラスに振り込んだ終始点はグリッド電圧−7V，プレート電圧20Vと見込みました.−15Vから同じ8V振り込んでマイナス側はグリッド電圧−23V，プレート電圧290Vとしました.そのときカットオフはせずに遊び電流が3mAほど残っています.出力は出力トランス1次側で約3Wと見込めます.

トランスの選定

（1）出力トランス

出力トランスは春日無線変圧器のKA-3250としました.インダクタンスは7Hと小さめです.実測データを**表3**に示します.

5Wクラスで3kΩの製品はあまりありません.かなり大きくなりますが，3.5kΩで4，8，16Ω端子がある製品としては，ゼネラルトランス販売のPMF-15WSなどがあります.

（2）電源トランス

電源トランスも同社のKmB250F2にしました.本機にはDC100mAあればよいので，許容量がDC180mAのKmB250F2では大きすぎるのですが，直流点火すれば**18GV8**シングルにも使用できます.

本機に使用できる電源トランスを**表4**に示します.代替電源トラ

ンスを使うときは，平滑抵抗を表
のように変更してください.

回路構成

　本機の回路を**図5**に，主要部品
を**表5**に示します.

（1）初段

　入力された信号は，ボリューム
のスライダーからグリッドのオー
プン防止の1MΩを経て，**ECL805**
の3極部グリッドに入ります. 本
機では部品点数を減らして配線を
簡単にするため，グリッドにシリ
ーズに入れる寄生発振止めの抵抗
は使用していません.

　カソード抵抗は2kΩと100Ω
に分割されています. 2kΩにはバ

イパスコンデンサーとして100
μF/16Vが入っています.

　プレート供給電圧156Vで，負
荷抵抗は100kΩです. カップリ
ングコンデンサーはビシェイの
MKT1813です. 音質はASC

（アメリカンシヅキ）よりもにぎ
やかで派手になります. カップリ
ングコンデンサーは音質への影響
が大きいので，いろいろ試して，
好みの音になるものを選んでくだ
さい.

[表3] 出力トランスKA-3250の実測結果

1次巻線	V	r [Ω]	2次巻線	V	r [Ω]	巻線比		1次抵抗 [Ω]	定損失 [dB]
3kΩ（赤）	3.00	176.00	16Ω（緑）	0.230	1.15	13.0	2722	3094	−0.56
2kΩ（橙）	2.43	143.00	8Ω（青）	0.162	0.85	18.5	2743	3211	−0.68
B（灰）	0.00	0.00	4Ω（白）	0.115	0.60	26.1	2722	3130	−0.61
			0Ω（黒）	0.000	0.000	0			

[表4] 本機に使用できる電源トランス

メーカー	型　番	平滑抵抗	備　考
春日無線変圧器	KmB250F2	330Ω/5W	
ゼネラルトランス販売	PMC-130M	510Ω/10W	
ゼネラルトランス販売	PMC-190M	510Ω/10W	18GV8にも使用できる
東栄変成器	PT-10N	270Ω/5W	

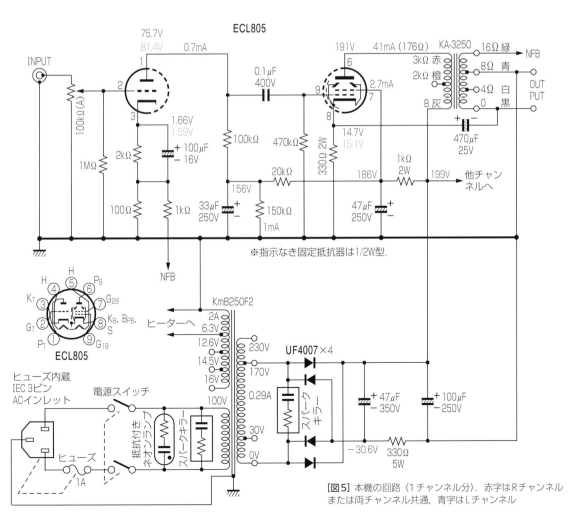

[図5] 本機の回路（1チャンネル分）. 赤字はRチャンネル
または両チャンネル共通，青字はLチャンネル

[表5] 本機の主要部品

項　目	型番/定数		数量	メーカー	備　考	購入先（参考）
真空管	ECL805		1ペア	テスラ	手持ち品	春日無線変圧器
真空管ソケット	9ピンMTソケット		2	QQQ		海神無線
ダイオード	UF4007		4	ビシェイ		千石電商
出力トランス	KA-3250		2	春日無線変圧器		春日無線変圧器
電源トランス	KmB250F2		1	春日無線変圧器		春日無線変圧器
コンデンサー	0.1μF	400V	2	ビシェイ	フィルム型, MKT1813	海神無線
	47μF	350V	1	日本ケミコン	縦型電解, KMG	海神無線
	100μF	250V	1	日本ケミコン	縦型電解, KMG	海神無線
	47μF	250V	2	日本ケミコン	縦型電解, KMG	海神無線
	33μF	250V	2	日本ケミコン	縦型電解, KMG	海神無線
	470μF	25V	2	日本ケミコン	縦型電解, KMG	海神無線
	100μF	16V	2	日本ケミコン	縦型電解, KMG	海神無線
固定抵抗器	330Ω	5W	1		酸化金属皮膜型	海神無線
	1kΩ	2W	2		酸化金属皮膜型	海神無線
	330Ω	2W	2		酸化金属皮膜型	海神無線
	1MΩ	1/2W	2		カーボン型	千石電商
	470kΩ	1/2W	2		カーボン型	千石電商
	150kΩ	1/2W	2		カーボン型	千石電商
	100kΩ	1/2W	2		カーボン型	千石電商
	20kΩ	1/2W	2		カーボン型	千石電商
	2kΩ	1/2W	2		カーボン型	千石電商
	1kΩ	1/2W	2		カーボン型	千石電商
	100Ω	1/2W	2		カーボン型	千石電商
可変抵抗器	100kΩ2連 Aカーブ		1	アルプスアルパイン	RK16312	
ツマミ	B-20		1		外径20mm	
シャシー	P-212		1	リード		エスエス無線
アルミ板	250×150mm（厚さ1mm）		1			エスエス無線
立てラグ板	1L4P		5	サトーパーツ	L-590	海神無線
スパークキラー			2	ルビコン		海神無線
パイロットランプ	抵抗付きネオンランプ		1			
ACインレット	IEC 3ピン		1		ヒューズ内蔵	千石電商
ヒューズ	1A（スローブロー型）		2		1本は予備	千石電商
電源スイッチ			1		手持ち品	
RCAピンジャック			1組		赤, 白各1	海神無線
スピーカー端子			2組		赤, 黒各2	海神無線

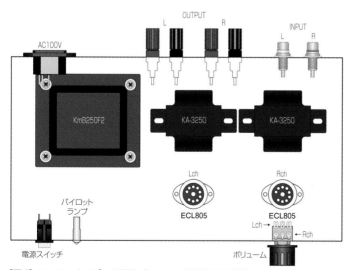

[図6] シャシー上のパーツ配置（シャシー天板側から透視）

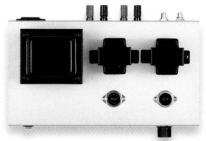

最小限のパーツだけが載っている, シンプルな
シャシー天面の部品配置

本機のリアパネル. 入出力ともに1系統. 小型
の出力トランスとMT管のバランスが取れたス
タンダードな真空管アンプのデザイン

（2）出力段

出力段はビーム管接続としました。グリッドリーク抵抗は470kΩで、カソード抵抗は前述のように330Ωで、2W型を使っています。

出力トランス2次側の8Ω端子をアースして、0Ω側から470μFのコンデンサーで約6dBのカソードNFBをかけています。バイアス抵抗も出力トランスに接続してカソード電流を流す方法もありますが、電流が大きくなると出力トランスの直流磁化が大きくなるので見合わせました。また、出力端子間に電解コンデンサーを介してですが330Ωが入るので、無負荷時の安定度が向上するのも期待しています。

出力段カソードへのNFBとは別に、出力トランスの16Ω端子から初段カソードの100Ωに、1kΩでループNFBをかけています。

帰還量は約4dBで、出力段へのカソードNFBと合わせて10dBのNFBになります。

（3）電源部

電源トランスの170Vを**UF4007**でブリッジ整流しています。B巻線にスパークキラーが入っているのは転流ノイズ低減のためです。ダイオードそれぞれに並列に小容量のコンデンサーを入れる方法もあるのですが、配線が込み入るので、本機ではスパークキラーにしました。

コンデンサーインプットのコンデンサーは47μF/350Vとしました。

電源のデカップリング抵抗は、プラス側ではなくマイナス側に330Ω 5Wを入れました。マイナス側のほうが配線が楽だからで、電気的にはプラス側に入れたのと

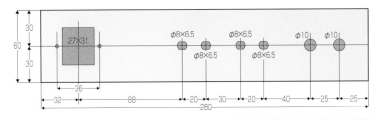
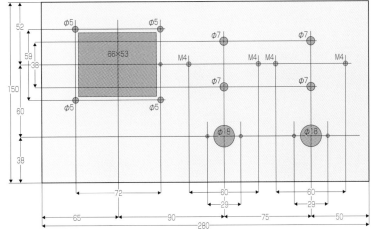
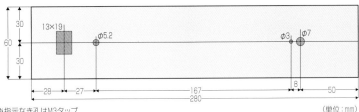

※指示なき孔はM3タップ　　　　　（単位：mm）

[図7] シャシー加工図

同じです。この抵抗が390Ωであれば、出力段のプレート電圧などが設計時に予定した値になりますが、5W型はE6系列しかないので、330Ωを選びました。気になるときは、470Ωと2.2kΩを並列にすると合成抵抗値が約387Ωになります。

デカップリングのコンデンサーは100μF/250Vで、そこから両チャンネルの出力トランスに199Vが供給されます。左右別に1kΩのデカップリング抵抗と47μFを通してスクリーングリッド電源となっています。スクリーングリッドのデカップリングを別にしたのは、チャンネルセパレーション改善のためで、電源が出力に与える

影響はスクリーングリッドのほうが大きいからです。

その後、20kΩを通して33μFでデカップリングして初段の電源としています。150kΩはブリーダー抵抗です。

ヒーターは電源トランスのヒーター用巻線から6.3Vを供給しています。0V側をアースしていますが、ここにヒーターバイアスをかけると、もう少しノイズが下がる可能性があります。

┃ シャシー加工

シャシーはリードのカバー（裏蓋）付き孔なしアルミシャシーP-212を使いました。シャシー内部の写真をご覧いただければ、それ

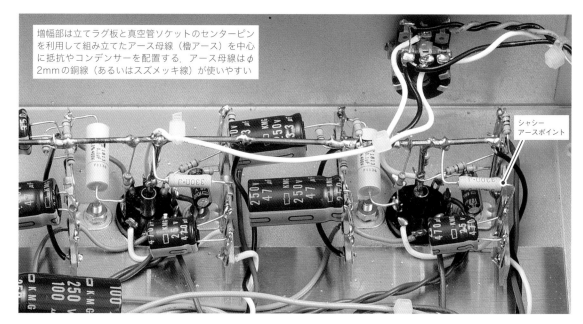

増幅部は立てラグ板と真空管ソケットのセンターピンを利用して組み立てたアース母線（櫓アース）を中心に抵抗やコンデンサーを配置する．アース母線はφ2mmの銅線（あるいはスズメッキ線）が使いやすい

シャシーアースポイント

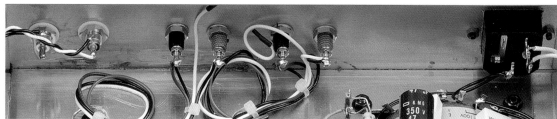

入出力端子の配線．いずれもさまざまなタイプがあるので，入手したものに合わせて配線するが，アース（0V）端子であってもシャシーとは絶縁しないと，アースループがノイズの原因になることがある

増幅部のソケットまわりは込み入っているように見えるが，ソケットを中心に，ソケットに近い部品（特に抵抗）から取り付けていくと組み立てやすい

エンパイアチューブで絶縁する

整流用のシリコンダイオードは470μF/350Vとスパークキラーの下に配置されている．ダイオードのリードが交差するので，エンパイアチューブで絶縁する

ほど込み入っていないことがわかると思いますが，もう少し奥行きがあって10mmくらい薄いシャシーのほうが配線しやすいかもしれません．

シャシー上の部品配置は**図6**，シャシー加工図は**図7**です．

本機の内部写真（37ページ）を見ると，シャシーの天板裏（内部）がアルミ板で補強されていることがわかりますが，これは撮影のための輸送の際に変形しないように

するためのものです．本機のシャシー P-212（板厚1mm）の強度は十分で，一般的な家庭内での使用では補強の必要はありません．

[表6] 残留ノイズ

フィルター	オープン（8Ω）			ショート（8Ω）		
	なし	400Hz	Aウエイト	なし	400Hz	Aウエイト
Lch〔mV〕	0.380	0.075	0.020	0.360	0.034	0.006
Rch〔mV〕	0.470	0.100	0.038	0.360	0.032	0.012

諸特性

前述のように，約6dBのカソードNFBと約4dBのループNFBをかけた状態で測定した結果です．

残留ノイズはオープンではRchが0.47mV，Lchが0.38mVで，ショートではRch，Lchともに0.36mVでした（**表6**）．残留雑音は50Hzのハムが主体だったので，前述のように，ヒーターバイアスをかければ改善の余地があります．

ゲインは19.3dBとなりました．入出力特性は**図8**です．1kHzのクリッピングポイントは4.6Vなので，出力は2.6W程度になるかと思います．これは設計時の出力トランス1次側で約3Wという計算値とほぼ合っています．

出力1Vの周波数特性は低域寄りになりました（**図9**）．−1dBで14.4Hz〜13.4kHz，−3dBで9Hz〜36kHzとなりました．

出力トランスKA-3250はインダクタンスが小さめで，高域の低下が大きいタイプのようです．KA-3250を使ってかつて製作したアンプでも同様の傾向が見られました．**2A3**などの出力管を想定した小型出力トランスのようです．

歪率特性を**図10**に示します．最低値は10kHzの0.5V時の0.12％でした．100Hz，1kHz，10kHzでは高い周波数ほど良くなっています．やはり出力トランスのインダクタンスが低い影響だと思います．内部抵抗が低い3極管では，これほど顕著に出ることはないと思います．10kHzが良いのは，電圧増幅段の高域特性が出力段よりも良く，高域までNFBがかかっているためでしょう．

正弦波の歪み波形（**写真1**）を観察すると，クリッピングポイント（4.6V）までほとんど2次高調波歪みということがわかります．クリッピングポイントは，上の

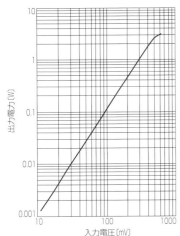
[図8] 入出力特性（8Ω）

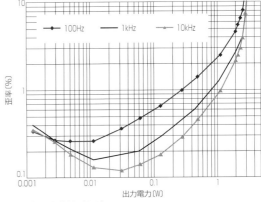
[図10] 歪率特性（8Ω）

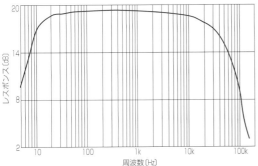
[図9] 周波数特性（8Ω，1V）

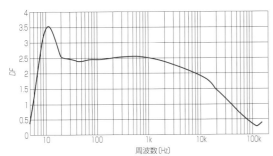
[図11] ダンピングファクター（8Ω）

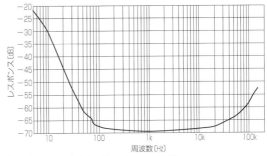
[図12] チャンネルセパレーション（8Ω）

(a) 1V（入力500mV/div，出力500mV/div，250μs/div）

(b) 4.4V（入力2V/div，出力500mV/div，250μs/div）

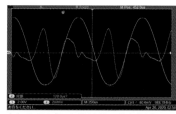

(c) 4.6V（入力2V/div，出力200mV/div，250μs/div）

[写真1] 1kHzの正弦波と歪み成分（8Ω．黄：入力，青：出力）

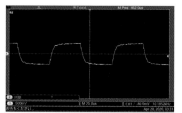

(a) 8Ωのみ

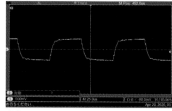

(b) 8Ω//0.047μF

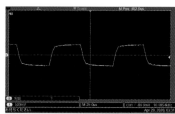

(c) 8Ω//0.1μF

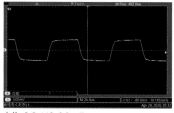

(d) 8Ω//0.22μF

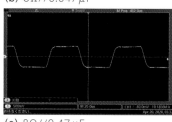

(e) 8Ω//0.47μF

[写真2] 容量性負荷の10kHz方形波応答（出力のみ．500mV/div，25μs/div）

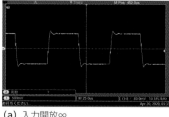

(a) 入力開放∞

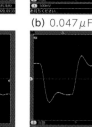

(b) 0.047μF

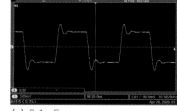

(c) 0.1μF

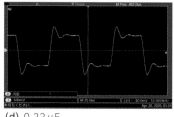

(d) 0.22μF

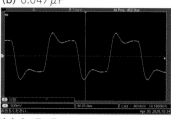

(e) 0.47μF

[写真3] 純容量負荷の10kHz方形波応答（出力のみ．500mV/div，25μs/div）

頭がスパッと切れ，下は丸まる感じです．

　方形波応答は**写真2，3**です．10kHz，8Ω単独（**写真2 (a)**）は立ち上がりが遅く，リンギングが見られます．そこにコンデンサーを足していくと，0.047μFでリンギングは小さくなり，0.1μFでは

リンギングはほぼ見えなくなります．0.22μFと0.47μFは，同じように立ち上がりの悪い波形になっています．

　無負荷（**写真3 (a)**）でも小さいオーバーシュートが見られ，その後に1波リンギングが見えます．0.047μFではオーバーシュート

もリンギングも大きくなっています．0.1μFでは両者ともに大きくなり，0.22μFではオーバーシュートが最大になります．0.47μFでは，リンギングが半波になりました．

　2段増幅なので位相回りが少ないことと帰還量が小さいことから

発振には至らないので，位相補正は行いませんでした．位相補正をすると高域特性が悪化するので，それを避ける意図もあります．

ダンピングファクターは1kHzで2.5でした（**図11**）．ダンピングファクターは10kHzからだらだら下降し，150kHzで少し上昇しています．10Hzにピーク（3.5）があり，それ以下の周波数ではまた低下しています．

通常のシングルアンプでは低域でダンピングファクターが上昇して終わることが多いのですが，本機は違います．音にも影響すると思います．

チャンネルセパレーションの測定結果が**図12**です．

消費電力は34Wで，消費電流は0.41Aになりました．電源トランスが大きいためかラッシュ電流があり，1Aのヒューズが切れることがありました．そのため，1Aのスローブロー型ヒューズを入れました．

計測機器は，パナソニックVP-7720A（オーディオアナライザー），テクトロニクスTBS1052B（デジタルオシロスコープ），日立V-552（オシロスコープ），サンワPC500（デジタルテスター），トリオVT-121（ミリボルトメーター）などです．

ヒアリング

周波数特性を見ると高域特性があまり良くないように見えますが，オーケストラなどを聴いてもまったく違和感はなく，アトラクティブな音質で，楽しく音楽を聴くことができます．

苦手なのはソプラノの声で，伸びが今ひとつです．

『MJ無線と実験』2020年1月号に私が発表した**22JR6** UL接続プッシュプルパワーアンプ（出力18W）が広帯域なので，比較試聴に使用しました．発表後に電源トランスを大きなものに交換して，アイドリング電流を60mAとする改造を施しています．

いつも試聴に使用しているイェルク・デームスの「月の光」では，本機（**ECL805**シングル）のほうが月光がわずかに黄色く感じられ，湖が浅くなるような印象を受けます．その一方，1日じゅう音を出していても聴き疲れしない音質なので，サイドアンプとして最適だと思います．

真空管アンプとしては最小といえる構成のミニアンプだが，多くの3極管無帰還シングルより大きな出力2.6W．デスクトップやベッドサイドに好適

AND MORE !!

チョークコイル追加のグレードアップとNFB

複合管ECL805を使った単管アンプです．このタイプの複合管として最も有名なのは，やはり6BM8/ECL82です．私がECL805を探し出したのは6.3Vの複合管を物色していたときでした．ヒーター電圧違いですが，国内では18GV8/PCL85が大量に使われていて，まだ入手はさほど難しくありません．使い方によっては6BM8よりも大出力が得られます．

本機はコストダウンのためチョークコイルを使いませんでしたが，KAC-210や4B01A（ともに春日無線変圧器製で2H100mA）を電源トランスの後ろに配置すれば電源からのノイズが減ります．チョークコイルを使う際は，330Ω 5Wを220Ω 3Wに変更してください．

シングルアンプでは10Hzから下はダンピングファクターが上昇するのが普通のパターンですが，本機ではそうなっていません．ダンピングファクター（**図11**）は，10Hzから5Hzに向かって低下していますが，これはビーム管部カソードの470μFの影響ではないかと思います．

カソードNFBのかけ方は，本作例では出力トランス2次側に電流を流さないようにしていました．470μF/25Vの電解コンデンサーと並列に330Ωを入れるようにすると低域端の切れが増すと考えられます．低域端のカソードNFBが470μFで阻害されているためです．

また，ループNFBの注入点も，3極部カソードにそのまま戻すと低域端におけるNFB電流が増すのでダンピングファクターに影響します．ほんの少しの変更で，低域の切れが変わるので，試してみてください．

（長島　勝）

2019年10月発表

無帰還で出力6.5W，*DF*＝2.75を得た「作ってみたくなるアンプ」

EL34 3極管接続シングルパワーアンプ

岩村保雄

外観にも配慮した，作り甲斐のある真空管アンプとして製作した3極管接続EL34無帰還アンプ．シャシーは塗装なしでも十分に高級感を感じさせるタカチ電機工業のアルミ押出材を組み合わせたEXシャシー．3極管接続でも比較的大きな出力を得られるEL34により，無帰還シングルアンプにもかかわらず出力6.5Wとダンピングファクター2.75を得た．初段にはロシア製双3極管6N1Pを，出力トランスは春日無線変圧器のKA-6625STを使用．帯域幅（−3dB）は8Hz〜55kHz，小出力では0.1％以下の低歪率に仕上がった．

作ってみたくなるアンプ

　2019年秋の真空管オーディオ・フェアのアンプ競作企画のテーマは「春日無線変圧器の出力トランスKA-6625STを使い，製作費は6万円未満（2019年当時）」でした（58ページ参照）．この恒例企画には，同一条件で各アンプビルダーの個性を競うという一面だけでなく，「作ってみたくなるアンプ」を提示するというもう一つの側面もあるので，今回は後者を優先することにしました．

　そこで，あまりにも工夫がないと言われそうですが，出力管に3極管接続した**EL34**を使うことにしました．指定された出力トランスKA-6625STの最大定格出力が10Wなのに対して，3極管接続の**EL34**シングルアンプの最大出力はデータシートの代表的な動作では6Wなので，ちょうど良いバランスと考えたからです．

　このKA-6625STは，巻数が多いからか挿入損失が比較的大きく，インダクタンスが大きめなのですが，周波数特性は素直です．挿入損失が小さいこと（たとえば

巻数を減らすことによって）だけが音の良い出力トランスの条件ではないのです．

　NFB（負帰還）に対する考えは，過去には20dBものオーバーオールNFBが使われていたことの反動から，極端に無帰還を志向するように変わり，最近では6〜10dBの比較的少量のNFBを使うのが一般的となっています．

　NFBは魔法のようなもので，裸特性があまり良くなくても，わずか6dBでもそれを覆い隠して，良い特性に見せてしまいます．裸特性をできるだけ良くした上で特

実体配線図

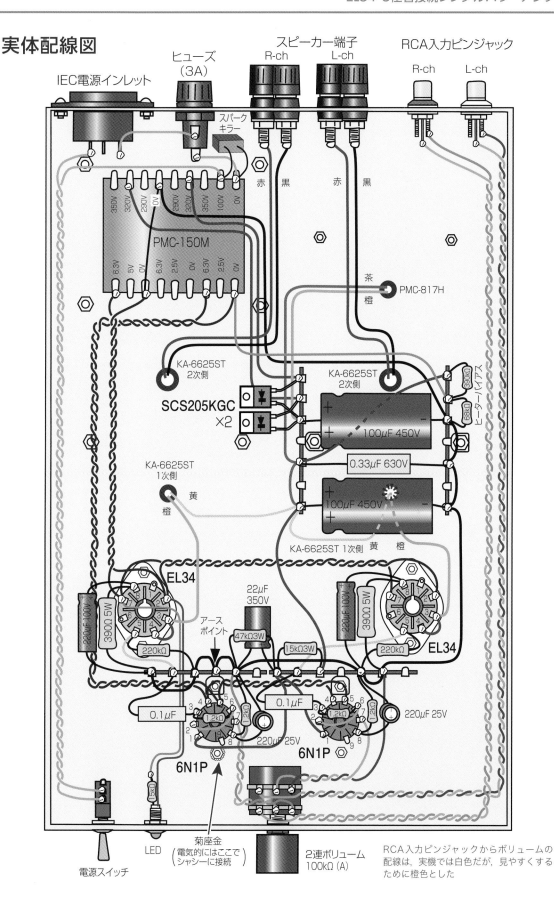

IEC電源インレット

ヒューズ
（3A）

スピーカー端子
R-ch　L-ch

RCA入力ピンジャック

R-ch　L-ch

スパーク
キラー

赤　黒　赤　黒

350V 320V 290V 0V 290V 320V 350V 100V 0V

PMC-150M

6.3V 5V 6.3V 2.5V 0V 6.3V 2.5V 0V

茶
橙　PMC-817H

KA-6625ST
2次側

KA-6625ST
2次側

390kΩ
68kΩ
ヒーターバイアス

SCS205KGC
×2

100μF 450V

0.33μF 630V

100μF 450V

KA-6625ST
1次側

黄

橙

KA-6625ST 1次側　黄　橙

EL34

22μF
350V

EL34

220μF 100V

390Ω 5W

47kΩ3W

220kΩ

アース
ポイント

15kΩ3W

220μF 100V

390Ω 5W

220kΩ

0.1μF

1.2kΩ

1.2kΩ

0.1μF

1.2kΩ

1.2kΩ

220μF 25V

0.1μF

220μF 25V

6N1P

6N1P

15kΩ

電源スイッチ

LED

菊座金
（電気的にはここで
シャシーに接続）

2連ボリューム
100kΩ（A）

RCA入力ピンジャックからボリュームの
配線は，実機では白色だが，見やすくする
ために橙色とした

47

性の改善をするのがNFB本来の使い方ですが，なかなか難しいのが現実です．

筆者はNFBを何がなんでも排除するのではなく，必要なケースでは積極的に使おうと考えています，ただし少なめに．

300Bのような一部の出力管を除いて，最大出力，適度なダンピングファクター *DF*，歪率が揃っている良好な動作の条件はなかなか存在しません．それでも，本機では**EL34**を3極管接続すること，負荷インピーダンスを高めに設定することで，NFBを使わずに良好な特性を得ることができました．

初段/ドライブ段は部品点数が少なく，物理特性が優れたSRPP回路を採用しています．ここには，ロシア製の**6N1P/6H1П-EB**を使っています．**6N1P**は**ECC88/6DJ8**類似とはいえ，ヒーター電力が大きいだけでなく，プレート定格も大きい上位バージョンと考えられる双3極管です（**ECC88**のロシア製同等管は**6N23P**）．**写真1**は，使用した真空管です．

製作費の上限が決められてしま

うと，シャシーに費用の配分が回らず，どうしても安っぽい外観のアンプになりがちです．それではアンプに愛着が湧くはずもなく，家族からのお褒めの言葉もなかろうというものです．そこで本機には，U字形状のアルミ押出材を組み合わせたタカチ電機工業のEXシリーズのシャシーを使うことにしました．これなら塗装なしでも，十分に高級感を感じることができます．

回路の設計

（1）出力段

EL34 3極管接続シングルアンプの全体的な回路構成は，「電圧増幅段を**6N1P**を使ったSRPP回路，出力段は**EL34**の3極管接続とし，できることならNFBは使わない」とします．これならばシンプルな回路なので，部品点数も少なく，無調整で完成させることが可能です．出力段の3極管接続した**EL34**（以下**EL34**（T）とする）と電圧増幅段の**6N1P**，参考として**ECC88/6DJ8**の定格と動作例を**表1**に示します．

EL34（T）の動作条件は，負荷抵抗を除き，**表1**に示されている動作例を踏襲することにします．問題になるのは，負荷抵抗をいくらにするかということです．まず，負荷抵抗をデータシートの数値3kΩに近い3.3kΩ（KA-6625STでは2次巻線の6Ωを8Ωとして扱う）としたところ，最大出力は6Wと妥当なものでしたが，*DF*が1.9と若干小さく，満足というわけにはいきません．

そこで適切な負荷抵抗を見つけ出すために，**EL34**（T）の負荷を仮に3.3kΩとして出力端の抵抗を4Ωから16Ωまで変化させて最適負荷特性を測定しました（**図1**）．その結果から，1次換算負荷抵抗が3.5kΩから6kΩの間で，最大出力6.5Wが得られることがわかりました．KA-6625STの2次巻線タップを選択して1次インピーダンスを決めるとなると，6Ωタップで3.3kΩ，4Ωタップで5kΩしかありません．ここでは*DF*を大きくとりたいので，4Ωタップに8Ωの負荷をつないで1次インピーダンス5kΩとしました．3極管の

[**写真1**] 使用した真空管．左は6N1P（スヴェトラーナ），右がEL34（エレクトロ・ハーモニックス）

[**表1**] 3極管接続EL34，6N1P，ECC88の定格と動作例

管　種			EL34 (T)	6N1P/6H1П-EB	ECC88/6DJ8
ヒーター電圧	E_h	〔V〕	6.3	6.3	6.3
ヒーター電流	I_h	〔A〕	1.5	0.6	0.365
最 大 定 格					
プレート電圧	E_p	〔V〕	600	250	130
カソード電流	I_k	〔mA〕	150	20	25
プレート損失	P_p+P_{g2}	〔W〕	30, 15 (E_p=600V)	2.2	1.8
ヒーター・カソード間耐圧	$E_{h\text{-}k}$	〔V〕	−	±100	−130, +50
特　性					
増 幅 率	μ		10.5	33	33
プレート抵抗	r_p	〔Ω〕	910	4.4k	2.64k
相互コンダクタンス	g_m	〔mS〕	11.5	7.5	12.5
プレート電圧	E_p	〔V〕	250	200	90
プレート電流	I_p	〔mA〕	70	10	15
グリッド電圧	E_g	〔V〕	−15.5	−2	−1.3
動 作 例			A級シングル		
プレート電圧	E_p	〔V〕	375		
プレート電流	I_p	〔mA〕	70		
カソード抵抗	R_k	〔Ω〕	370		
負荷抵抗	R_L	〔kΩ〕	3		
最大出力（歪率8%）	P_o	〔W〕	6		
データの出典			フィリップス	スヴェトラーナ	フィリップス

シャシー内部の配置

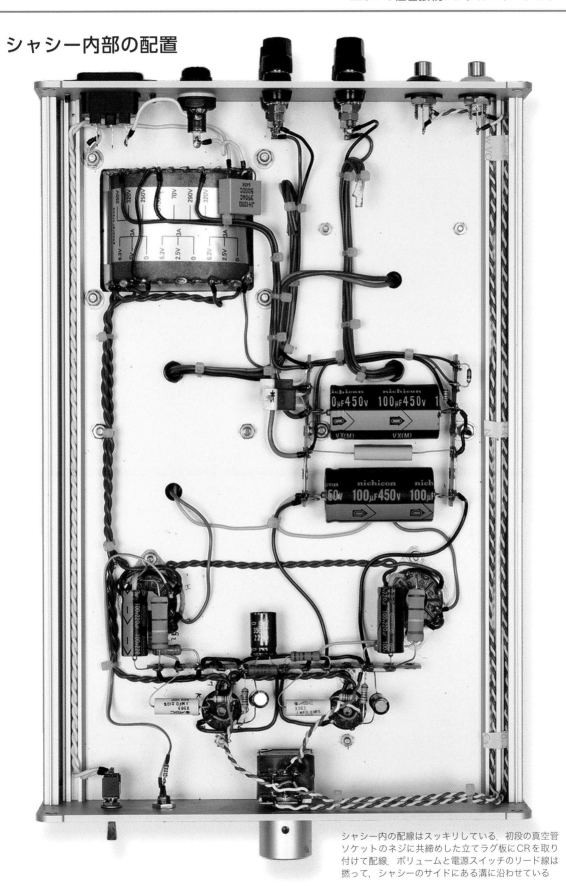

シャシー内の配線はスッキリしている．初段の真空管
ソケットのネジに共締めした立てラグ板にCRを取り
付けて配線．ボリュームと電源スイッチのリード線は
撚って，シャシーのサイドにある溝に沿わせている

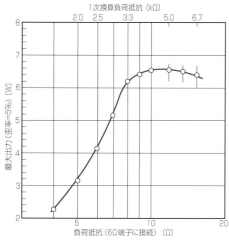

[図1] 3極管接続EL34シングルアンプの最適負荷特性. 6Ω端子から出力を取り出している

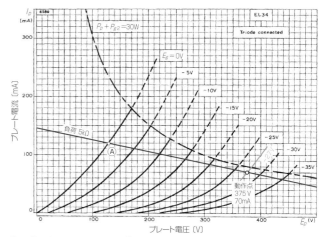

[図2] 3極管接続EL34のプレート特性. 動作点と5kΩ負荷直線を書き加えている

[図3] 飽和時の出力波形. 上側はリモートカット, 下側はシャープカットしている

性質として, 負荷インピーダンスを大きくすると歪率が低くなるので, 一挙両得です.

EL34(T)の動作点(E_p=375V, I_p=70mA)と5kΩの負荷直線を**図2**のプレート特性に書き込みました. ここからグリッドバイアス電圧はE_g=−27Vとなることがわかります. したがって, カソード抵抗は, 27V/70mA=386Ω≒390Ω(E24系列で)となります.

プレート特性(**図2**)を使って最大出力を概算してみます. グリッド電圧E_gの負方向は図の範囲外なので, ここでは正方向のみ考えます. E_gの正方向の最大値はグリッド電流I_gが流れ始めるE_g=0Vまでなので, プレート電圧E_pは動作点(E_p=375V)からⒶ点(E_p=128V)まで変化します. ここで, プレート電圧振幅ΔV_{P-P}は247Vなので, 信号を正弦波とすれば最大出力は $(247V/\sqrt{2})^2/5$

kΩ≒6.10Wとなり, **図1**の結果ともほぼ一致しています. ただし, 出力トランスの挿入損失は考慮していません.

出力電圧波形の飽和のようすを観測し, さらに上記動作条件が適正かどうかを検討しました. 正方向はE_g=0Vでスパッと飽和するのに対して, 負方向は**図2**では範囲外なので判断できませんが, カーブの間隔が次第に詰まっていくので, 正弦波の先端が鈍って次第に飽和すると予想されます.

実際に観測した飽和時の出力波形(**図3**)でも, E_pの下側はE_g正方向のシャープカット, 上側は先端が鈍ったE_g負方向のリモートカットとなっています. これらがほぼ同時に生じているので, 動作条件は適切と判断しました.

EL34(T)の負荷抵抗を動作例の3kΩから5kΩに変更しましたが, その主な理由はDFに不満があったからです. そこで, 負荷抵抗が5kΩの場合のDFの値を概算してみました.

トランスの1次側までで見た内部抵抗は, **EL34**(T)の動作点(E_p=375V, I_p=70mA)におけるプレート抵抗1000Ωと出力トラ

ンスの1次側巻線抵抗191Ωを加え, これを2次側に換算すると, (1000＋191)×(8Ω/5kΩ)≒1.91Ωとなります. さらに, 2次側巻線抵抗(4Ωタップ:0.67Ω)を加えた内部抵抗は, 1.91＋0.67＝2.58Ωとなります.

DFは, この内部抵抗とスピーカーのインピーダンス8Ωとの比なので, DF=8/2.58≒3.10となり, 適度なDFが得られることがわかります. 実際の測定結果ではDF=2.75となり, 計算となんとか近い値になっています(参考: 負荷抵抗3.3kΩでの計算値はDF=2.15, 実測値は1.90).

(2) 初段

初段の電圧増幅は, 前述のように**6N1P**を使ったSRPP回路としました. SRPP回路は周波数特性が良いこと, 出力抵抗が小さいこと, 利得が使用真空管の増幅率にほぼ等しいなどの利点があります.

ここでは, カソードバイパスコンデンサー(220μF/25V)を付けたほうがパワーアンプとしての歪率が小さいこと, さらに利得ができるだけ欲しいという理由で電流帰還をかけていません.

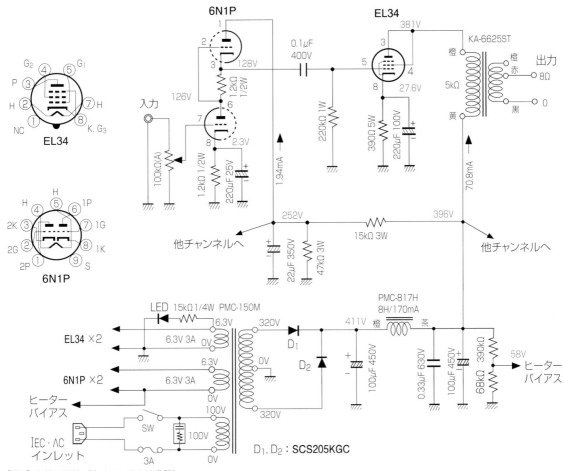

[図4] 本機の回路（片チャンネルは省略）

SRPP回路を使うときに注意が必要なのは，上下の3極管のバランスが取れていること，つまり下部3極管のプレート電圧が供給電圧の1/2になっていることが重要です．さらにもう1点，上部3極管のカソード電圧が高くなるので，ヒーターとカソード間の電圧が真空管の最大定格を超えないよう配慮が必要です．本機ではSRPP回路の上部3極管のカソード電圧は128Vなので，ヒーター・カソード間電圧V_{h-k}の定格値（±100V）を超えています．そのため，電圧増幅段のヒーターにヒーターバイアス電圧として58Vを加えて上部，下部の3極管ともに定格を超えないようにしています．

(3) 電源回路

EL34（T）のプレート電圧として375Vが欲しいので，B電源は電源トランスのB電圧巻線AC320VをSiCショットキーバリアダイオードを使って両波整流します．直流電圧としてAC320Vのおよそ1.3倍の410Vが得られますが，チョークコイルと出力トランス1次巻線抵抗の電圧降下がありますので，プレート電圧は380Vになります．高周波領域でも電源インピーダンスを下げておくため，平滑回路の出口側電解コンデンサーに0.33μFのフィルムコンデンサーを並列に接続しています．

SRPP段の電源は，デカップリングを経由して供給します．その

とき，多少なりとも変動を抑える意味で約5mAのブリーダー電流を流しています．

ここまで検討してきた回路図を**図4**に示します．

使用部品

出力管の**EL34**は人気があるので，さまざまなブランドの製品が市販されています．ここでは，入手の容易さと価格の点でエレクトロ・ハーモニックスのものを使っています．高価なプレミアムものを挿して音の違いを楽しむのも良いでしょう．

SRPP回路の初段には，前述のように**6DJ8**類似特性の**6N1P**を使っています．**6N1P**はヒーター電流

が**6DJ8**と比べて40%増し，最大プレート電圧も約2倍（130V対250V）と，ひとまわり以上大きな真空管です．

出力トランスは，競作の要件である春日無線変圧器のシングルアンプ用KA-6625STを使います．最大定格は10Wとなっています．念のため，定格1次インピーダンス2.5kΩ，2次インピーダンス8Ωの条件で，筆者がレスポンス特性とインピーダンス特性を測定しました．

測定は，標準的な方法である出力インピーダンス2.5kΩの信号源でドライブしています．挿入損失は約1.55dBと大きめですが，周波数特性は素直で，シングルアンプ用としては十分満足できるものです．

筆者が測定した特性と結線を**図5**に示します．KA-6625STは2次側に多数のタップを持っているので，多くの1次，2次インピーダンスの組み合わせに対応可能です．たとえば，1次インピーダンス5kΩでは2次インピーダンス8Ω，12Ω，16Ωが使用できます．

電源トランスは，ゼネラルトランス販売のPMC-150Mを使いました．PMC-150Mは，350-320-290V/150mAのB巻線を持ち，6.3V-2.5V/3Aのヒーター巻線を2組と6.3V-5V/3Aのヒーター巻線を持つ中型アンプ用の巻線構成です．春日無線変圧器にはKmB280Fというほぼ同等のものがありますが，残念ながらB巻線電圧が最大280Vなので，320Vが必要な場合は特注になってしまいます．

チョークコイルはKA-6625STと外観，サイズ的にバランスのとれるものがなかったので，ゼネラルトランス販売のPMC-817H

（8H/170mA，96Ω）を使うことにしました．

B電源の整流は，ひげ状のノイズがほとんど発生しないSiCショットキーバリアダイオード**SCS205KGC**（1200V/5A）を使っています．なお，両波整流回路に使うダイオードの耐圧は巻線の電圧の3倍（正確には$2\sqrt{2}$倍）が必要です．

コンデンサー入力の平滑回路は入口側，出口側ともに100μF/450Vの日本ケミコンTVXを，カップリングコンデンサーは癖の少ないASCのX363シリーズの0.1μF/400Vを使っています．

シャシーは，タカチ電機工業のアルミ押出材を組み合わせたEXシリーズのシャシーです．EXシャシーは，U字形状の上下カバー（板厚2.5mm）と前後パネル（板厚3mm）で構成され，上カバーを天板とすれば，真空管アンプの縦長シャシーとして使うことができます．本機では，大きさがW232×D333×H52mmのEX23-5-33SSを使います．上カバーと前後パネルの加工図を**図6**に，加工

済みシャシーの外観を**写真2**に示します．なお，EXシャシーは，スタイリッシュにもかかわらず強度があるところも評価しています．

使用した部品を購入先を含めて**表2**にまとめました．2019年の製作当時の総額は約57,700円（税込）で，競作のレギュレーションである「製作費6万円」はクリアしましたが，2023年現在では，部品価格の上昇のため，6万円を超えることになっていると思います．

製作手順

本機の内部写真（49ページ）を見ればわかるように，大きめのシャシーと少ない部品点数なので，内部はとてもゆったりしています．MT管ソケットのまわりを除けば，配線もゆったりしています．

組み立ては，前後のパネルに端子類やスイッチなどを取り付けることから始めます．AC100V用のIECインレットのネジだけはタップを立てていますが，ここはビス・ナットどめとしてもかまいません．

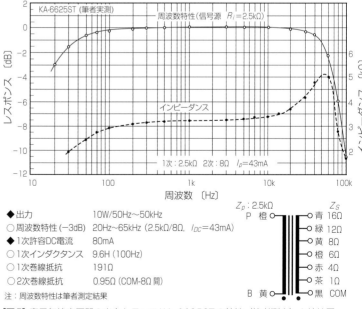

◆ 出力　　　　　　　　　10W/50Hz～50kHz
○ 周波数特性（−3dB）　20Hz～65kHz（2.5kΩ/8Ω，I_{DC}＝43mA）
◆ 1次許容DC電流　　　　80mA
○ 1次インダクタンス　　9.6H（100Hz）
○ 1次巻線抵抗　　　　　191Ω
○ 2次巻線抵抗　　　　　0.95Ω（COM-8Ω間）
注：周波数特性は筆者測定結果

[**図5**] 春日無線変圧器の出力トランスKA-6625STの特性（筆者測定）と接続図

部品を取り付けた前後のパネルを付属の六角孔ネジで上カバーにしっかり固定してから，上カバーに取り付けるソケットなどの軽い部品を固定します．その後，重い出力トランスやチョークコイル，電源トランスなどを固定します．

抵抗，コンデンサーなどの部品取り付けや配線の中継に立てラグ板を使うので，左チャンネル出力トランスの固定ネジ2本にそれぞれ1L6P立てラグ板を，左右チャンネルMT管ソケットの固定ネジに1L6Pと1L5P立てラグ板を，内部写真/実体配線図を参照して固定してください．ただし，出力

トランスの固定ネジはM4なので，立てラグ板の取り付け孔をリーマーや細丸ヤスリで広げる必要があります．

まずAC100V関係と初段ヒーター，EL34のヒーターの配線をします．本機では完成後の見やすさのためもあり，それらの配線を旧来のように撚っていますが，ここは特に撚らなくてもかまいません．

出力トランスのところの1L6P立てラグ板に，整流用ダイオード，平滑回路の電解コンデンサー（100μF/450V）とフィルムコンデンサー（0.33μF/630V）をハンダ付けし，チョークコイルから

らの配線はこの立てラグ板につなぎます（**写真5**）．ヒーターバイアスの抵抗2本（68kΩ，390kΩ）

[**写真2**] 後ろ側から見た孔あけ加工をしたシャシー

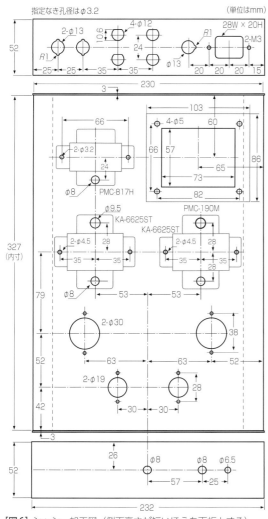

[**図6**] シャシー加工図（側面高さが短いほうを天板とする）

[**写真3**] 真空管ソケットのピン位置がわかりやすいように，真空管を抜いた状態のアンプ上面

[**写真4**] 本機のリアパネル．入出力各1系統で，ACインレットとヒューズホルダーだけのシンプルな構成

[表2] パーツリスト

種　類	適　　用	数量〔個〕	購入先（参考）	コメント
真空管	EL34	1ペア	アムトランス	エレクトロ・ハーモニックス
	6N1P	2	アムトランス	ロシア製
ダイオード	SiCショットキーバリア, SCS205KGC	2	秋月電子通商	5A/1200V. SCS205KGでも可
トランス類	電源トランス, PMC-150M	1	ゼネラルトランス販売	
	出力トランス, KA-6625ST	2	春日無線変圧器	
	チョークコイル, PMC-817H	1	ゼネラルトランス販売	8H/170mA
コンデンサー	100μF/450V	2	海神無線	チューブラー型，ニチコンTVX，B電源平滑
	22μF/350V	1		縦型，日本ケミコンSMG，デカップリング
	220μF/25V	2		縦型，日本ケミコンSMG，6NP1パスコン
	220μF/100V	2	海神無線	チューブラー型，ニチコンTVX，EL34パスコン
	0.1μF/400V	2	海神無線	ASC X363，カップリング
	0.33μF/630V	1	海神無線	ASC ポリエステル，平滑
抵抗	390Ω 5W	2	海神無線	酸化金属，EL34自己バイアス抵抗
	220kΩ 1W	2	海神無線	カーボン型RD相当，EL34グリッドリーク抵抗
	15kΩ，47kΩ 3W	各1	海神無線	酸化金属皮膜型，デカップリング，ブリーダー抵抗
	1.2kΩ 1/2W	4		金属皮膜型，6N1Pプレート，カソード抵抗
	15kΩ，68kΩ，390Ω 1/4W	各1		LED用，ヒーターバイアス，種類不問
可変抵抗器	2連ボリューム100kΩ（Aカーブ）	1	海神無線	アルプスアルパイン，RK27112A，27mm角
真空管ソケット	US 8Pモールド型	2	アムトランス	QQQ，手に入る良品
	MT 9ピン	2		QQQ，手に入る良品
入出力端子	スピーカー端子UJR-2650G（赤，黒）	各2	門田無線	
	RCAピンジャック R-19（赤，白）	各1	門田無線	
	IEC電源インレット，EAC-301	1	門田無線	
そのほか	シャシー EX23-5-33SS	1	タカチ電機工業	232×333×52Hmm
	RS型化粧ゴム脚 RS-28S	1袋	タカチ電機工業	4個入り
	小型トグルスイッチM-2012	1	門田無線	NKKスイッチズ（旧日本開閉器工業）
	LEDインジケーター CTL-601	1		緑色，孔径φ8mmのもの
	ヒューズホルダー（ミニ，3Aヒューズ付き）	1		サトーパーツ，F-7155
	スパークキラー	1		(0.1μF＋120Ω)
	ツマミCM-2S	1		LEX，ボリューム用（好みのもの）
	立てラグ板1L5P	1		サトーパーツ，L-590
	立てラグ板1L6P	3		サトーパーツ，L-590
	プラスチックブッシング　φ8mm	3	西川電子部品	
	プラスチックブッシング　φ9.5mm	2	西川電子部品	
	配線材#20，5色	各2m		
	結束バンド（8cm）	適宜	西川電子部品	インシュロックタイ
	ビス・ナットM3×10mm	適宜	西川電子部品	

も，この立てラグ板に取り付けています．

　出力段**EL34**の配線は部品点数が少ないのですが，グリッドリーク抵抗と一部配線がカソードバイアスの抵抗とコンデンサーの裏側になってしまうので，組み立ての順番を考えて作業を進めてください（**写真6**）．なお，電源ON/OFFのLED表示器は，**EL34**のヒーターピンから配線しています（LEDの保護については57ページのAND MORE!! 参照）．

　SRPP電圧増幅段は，一列に並んだ立てラグ板のピンと真空管ソケットのピンを使って抵抗とコンデンサーを取り付けます．RCA入力ピンジャックからボリュームまではシールド線を使わず，配線材

[**写真5**] ダイオード整流と平滑回路．上から100μF/450Vの電解コンデンサー，0.33μF/630Vのフィルムコンデンサー，100μF/450Vの電解コンデンサー．右下は2つのSiCショットキーバリアダイオード，左下にヒーターバイアス用抵抗

[**写真6**] EL34出力段．ソケットに直接取り付けられるのは自己バイアス用の390Ω/5W，220μF/100Vの電解コンデンサー，220kΩ/1W．白いのが0.1μFカップリングコンデンサー

#22をきつめに撚って配線しています．シャシーの端に沿って2本の溝があるので，撚った線をそこに押し込んでいます（シャシー内写真参照）．ボリュームから初段グリッドまでも同じく配線材を撚っ

て配線します（**写真7，8**を参照）．

　電源トランスとリアパネルの配線を**写真9**に示します．

　なお，シャシーへの接地は，右チャンネルのMT管ソケットの前側取り付けネジに菊座金（ワッシ

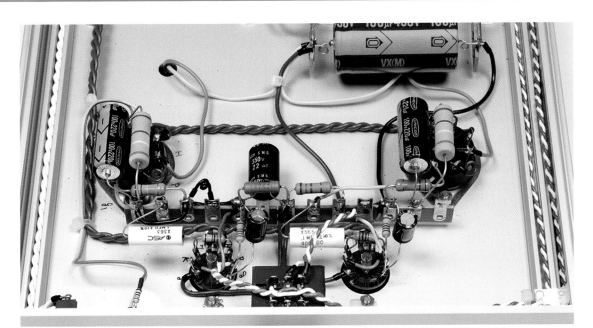

[写真7] 初段SRPP電圧増幅回路，中央のデカップリング回路．RCA入力ピンジャックからの配線は，配線材#22を撚ってシャシーの溝に押し込んでいる（右側）

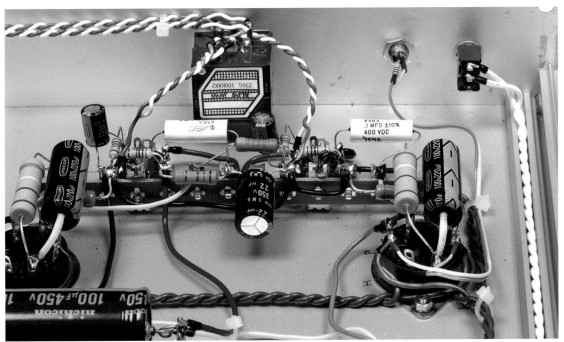

[写真8] 立てラグ板への部品の取り付けは，部品どうしが干渉しないようにすることと，コンデンサー類の本体に記された数値が読みやすいように配慮することを心がける

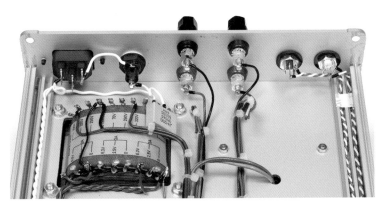

[写真9] 電源トランスまわりとリアパネルの端子類の配線．ケースの両サイドの溝を使って入力ラインと電源スイッチまでの配線をスッキリとまとめてある

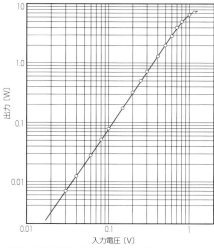

[図7] 入出力特性（8Ω出力，1kHz）

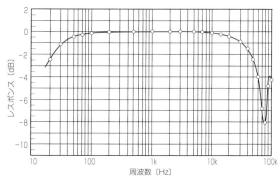

[図8] 周波数特性（0dB＝1/2W）

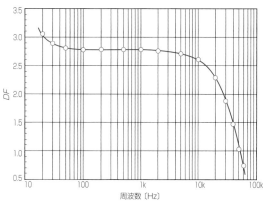

[図9] ダンピングファクター

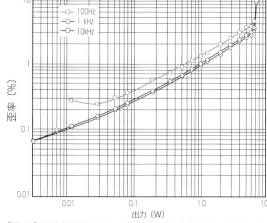

[図10] 歪率特性（100Hz，1kHz，10kHz）（1kHzと10kHzは，400Hzローカットフィルターを使用）

ャー）を使い，ソケット金属枠を経由して，後側ネジで共締めした1L5P立てラグ板のL端子のところをアースポイントとしています（実体配線図参照）．

配線が終わったら，ゆっくりと配線を確認します．真空管を挿して電源を入れ，回路図に記載してある各部電圧をテスター（DCレンジ）で手早く測定します．各ポイントの電圧が10％以内であればOK，完成です．

測　定

本機の**EL34**（T）の動作はプレート電圧353V（381－28V），プレート電流70mAなので，プレート損失は24.7Wです．これは3極管接続時の最大定格30Wに対して若干の余裕があります．B電圧はデータシートの動作例より高いのですが，最大定格600Vよりかなり低いので問題ないでしょう．両チャンネルの残留ハムは，入力ボリュームを絞りきった状態で0.9mVでした．

本機の入出力特性を**図7**に示します．入力電圧1.0Vで6.5Wの最大出力（歪率5％）が得られています．

出力1/2Wでの周波数特性を**図8**に示します．帯域幅（－3dB）は18Hz～55kHzなので必要十分な特性です．出力トランスの2次側6Ωを出力としたとき（**EL34**（T）の実質負荷3.3kΩ）にはピークは見当たりませんでしたが，4Ωタップを出力とした最終的な回路（**EL34**（T）の実質負荷5kΩ）では95kHzにピークが現れます（使っていない巻線の影響と考えています）．それでも，本機ではあえて，ピークはそのままとしています．

*DF*をON-OFF法により測定しました（**図9**）．*DF*は50Hz～15kHzの中域周波数でおよそ2.75です．なお，**EL34**（T）の負荷インピーダンス3.3kΩでは，無帰還で*DF*が1.9でした．前述のように筆者としては，*DF*が1.9では物足りなく感じたので，負荷を5kΩに変更したわけです．

100Hz，1kHz，10kHzの歪率特性を測りました（**図10**）．1

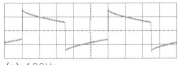

(a) 100Hz

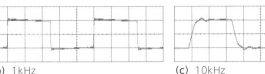

(b) 1kHz

(c) 10kHz

[図11] 8Ω純抵抗負荷における方形波応答波形 （1V/div）

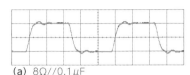

(a) 8Ω//0.1μF

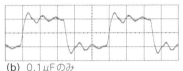

(b) 0.1μFのみ

[図12] 容量性負荷における10kHz方形波応答波形 （1V/div）

kHzと10kHzの歪率（400Hzのローカットフィルターを使用）のカーブは，ほとんど重なっています．また，100Hzの歪率カーブもそれらより20%ほど大きいものの，同じ変化の仕方をしています．通常のヒアリングレベルである出力0.01Wでは歪率0.1%なので，無帰還アンプとしては，かなり良好な特性にみえます．

方形波応答波形

抵抗負荷8Ωのときの100Hz，1kHz，10kHzの方形波応答波形を**図11**に，容量性負荷（8Ω//0.1μF）と容量負荷（0.1μFのみ）のときの10kHzの方形波応答波形を**図12**に示します．10kHzの波形では，わずかですがリンギングが現れています．これは，そのままにした周波数特性での95kHzのピークの影響と思われます．容量負荷0.1μFのときはリンギングが発生しますが，不安定な動作の心配はありません．

試聴とまとめ

試聴は，以前製作した「**ECC33**プッシュプルラインアンプ」（『MJ無線と実験』2019年8月号掲載）を使い，音源はCDで『Getz Meets Mulligan in Hi-Fi』と『Chopin Piano Recital/M. Pollini』をメインに行いました．ともにステレオ初期の録音ですが，スタン・ゲッツを聴くと，高域から低域まで，CDの中にこんなにもデータが入っていたんだということ，ピアノの再生は難しいにもかかわらず，ポリーニのピアノの音が本当に良かったと感じました．これら以外に，宗教曲での合唱の解像度の良さが印象に残りました．**EL34**（T）アンプはフラットで広帯域，解像度の良さを感じるアンプでした．

 AND MORE !!

出力トランスが変われば音も変わる

本機は出力トランスを春日無線変成器のKA-6625STに制限されての設計である．

部品点数が少なく，シンプルで製作が簡単にもかかわらず物理特性はとても高品位で，出力は6.5Wあるので能率の低いスピーカーと組み合わせても音楽再生には十分広帯域で，解像度の高さを感じるアンプとなった．再生が難しいピアノの音が本当に良かった．さらにバッハのカンタータを聴いたときの解像度の良さが印象に残った．お勧めのパワーアンプだ．

もちろんKA-6625STも十分優れた物理特性であり，音質についても問題はないのだが，出力トランスを自由に選べるなら，次のようなものが考えられる．

1次インピーダンスが5kΩで使える同等品としては定格出力11Wのゼネラルトランス販売のPMF-11WS-5Kがある．内容は同じで，見かけの良い角形ケース入りのPMF-11WS-5K-BOXもある．低域の余裕が欲しいときは，定格出力が15Wのゼネラルトランス販売PMF-15WSを選ぶといいだろう．

同じようなクラスの出力トランスでも，異なるメーカーの製品は音決めの基準が違うので，アンプとしても音が違ってくる．たとえばクラシック系の音が好きなら，橋本電気のHC-507Uを検討してみよう．

ここまでに掲げた出力トランスはすべてオリエントコアだが，たとえばゼネラルトランス販売PMF-10WSのようにハイライトコアのものもあり，コア材による音の違いを楽しむことができる．

LEDのAC点灯時のLED逆耐圧が気になるときは，LEDと逆並列に保護用の赤LEDをつなぐとよい．アンプチェック時にフロントパネルを見なくても電源が入っていることがわかる（83ページの実体配線図参照）．

廉価な真空管アンプのキットを組み立てて腕を上げたら，本機のようにもっと格好良いパワーアンプを製作してほしい．

（岩村保雄）

2019年10月発表

メタル管が引き締める精悍な風貌も身上. 出力4.5W

12A6 パラシングルパワーアンプ

征矢　進

出力管にメタル管のビーム4極管12A6を採用，初段に12AZ7A，カソードフォロワー段に12AU7を用いた全段直結A₂級パラシングルアンプ. 回路はシンプルでパーツは少なく，汎用品やカタログ品ばかりで入手しやすいのでチャレンジを歓迎. さわやかで抜けの良い音，そしてMT管や黒いメタル管がずらりと並んだ存在感のある外観も魅力の1台. 出力は余裕の4.5W.

試聴イベント出品作品

　真空管オーディオ協議会が主催する「真空管オーディオ・フェア」は毎年（新型コロナウイルス感染症による中止あり）秋に開催されています. そこでは『MJ無線と実験』のレギュラーライター3名（岩村保雄氏，長島勝氏，筆者）が毎年テーマを決めて競作したアンプを聴いていただく試聴会が恒例となっています.

　このイベントは，月刊誌上に発表されたアンプの実際の音を聴く数少ないチャンスだからか，試聴終了まで席を立つ来場者はありま

せん. 熱心に聴いていただいて，いつも感謝しています.

　さて，2019年の共通テーマは，春日無線変圧器の出力トランスKA-6625ST（写真1，図1）を使った，6万円までのコストで製作できるシングルアンプでした. 厳しいレギュレーションであるうえ，第一に音質が良好でなければなりません. その要求に応えるために，筆者は数か月努力しました.

　そうして完成したのが本機です. 実体配線図があるので，回路図の理解に多少の不安があっても，気軽にトライしてもらえると思います.

使用した真空管

　本機に使った真空管の定格を表1，外観を写真2に示します.

　出力管には，12A6を選択しました. メタル管は人気がないためか，安価に入手できたことが主な理由ですが，実をいうと，当初41を3極管接続として製作したところ，2次歪みが多く発生するため，シングルでは使いにくいことがわかったので，やむなくいったん解体して12A6で再製作した次第です.

　図2に12A6のE_p-I_p特性を示します.

　E_g曲線の並びがきれいなので

実体配線図

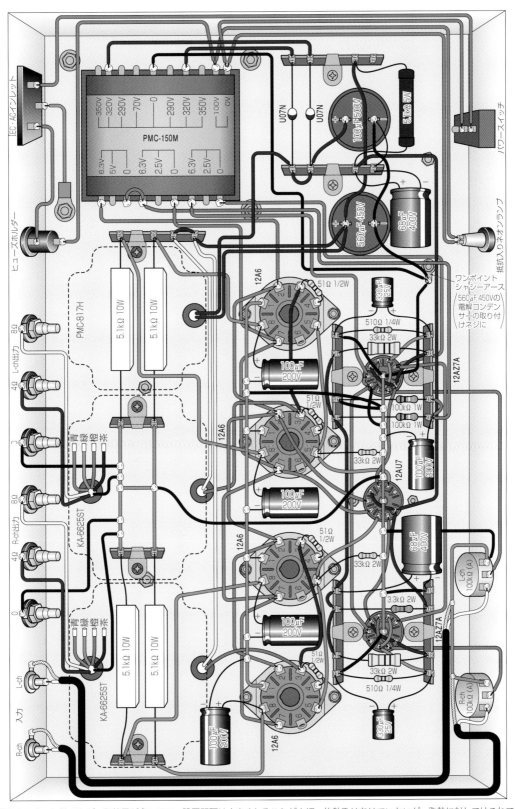

出力管はセンターに並べたが，発熱量が多いので，設置間隔は大きくとることが大切．放熱孔はあけていないが，発熱に対してはこれで十分だった．トランスの引き出し線は必ず貫通ブッシュを使用してシャシー内部に引き入れるようにする．増幅部は1L4Pの立てラグ板を利用して抵抗と電解コンデンサーを取り付けている．12A6の1番ピンはシールド端子なので，それぞれを結んで銅線を張ってアース母線とした．12A6のバイアス抵抗（5.1kΩ/10Wのセメント抵抗4本）は，15×4mmのスペーサーで立てラグ板を浮かせて取り付けている（写真5参照）

[写真1] 競作の共通パーツとして選ばれた春日無線変圧器のシングル用ユニバーサル出力トランスKA-6625ST. 縦型両カバー型でリードタイプ

[表1] 本機に使用した真空管の定格と動作例

管　種		12A6	12AU7	12AZ7A
種　別		電力増幅用ビーム管	中μ双3極管	高周波増幅・周波数変換用 高μ双3極管
E_h 〔V〕 $\times I_h$ 〔A〕		12.6×0.15	12.6×0.15 6.3×0.3	12.6×0.225 6.3×0.45
最大定格				
E_p	〔V〕	250	300	300
E_{g2}	〔V〕	250		
P_p	〔W〕	7.5	2.75	2.5
P_{g2}	〔W〕	1.5		
I_k	〔mA〕		20	
$E_{h \cdot k}$	〔V〕	90	±200	±200
動　作　例		3極管接続		
E_p	〔V〕	250	250	250
E_g	〔V〕	−13	−8.5	$R_k = 200Ω$
I_p	〔mA〕	36	10.5	10
g_m	〔mS〕	3.0	2.2	5.5
r_p	〔kΩ〕	3.0	7.7	10.9
$μ$		9	17	60

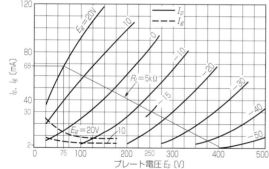

橙 2.5kΩ

16Ω 青
10Ω 緑
8Ω 黄
6Ω 橙
4Ω 赤
1Ω 茶

黄 B

0Ω 黒

1次プレート電流：80mA_max
2次インダクタンス：10H_max

[図1] KA-6625STの結線（1次側を2.5kΩとした場合）

[写真2] 本機に使用した真空管. 左から12AZ7A, 12AU7, 12A6

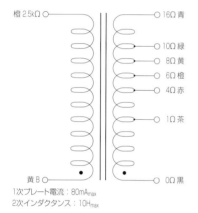

$E_p = 250V$, $I_p = 30mA$, $E_g = -15V$, $P_p = 7.5W$に動作点を置き、負荷5kΩを与える. このとき、$E_g = +20V$〜$-50V$までドライブすれば、最大出力は、

$$P_{out} = \frac{(E_{p\,max} - E_{p\,min}) \times (I_{p\,max} - I_{p\,min})}{8}$$

$$= \frac{(400-75) \times (68-2)}{8} \times 10^{-3} \,(W)$$

$$\fallingdotseq 2.68 \,(W)$$

を得る. 本機はパラレルシングルなので、出力は倍の5.36Wとなる. 出力トランスの定損失により効率を80%とすれば、約4.2Wの出力が出力トランスの2次側で得られる. また、パラレルなので、出力トランスの1次インピーダンスは半分の2.5kΩとなる

[図2] 12A6のE_p-I_p特性図

2次歪みの発生は少なく、またE_gが+20Vまで示されているので、A2級動作も可能であることがわかります.

　12A6を3極管接続にしたときの最大プレート電圧は250Vで、プレート損失は7.5Wなので、プレート電流は30mAが最大値となります. このときのグリッド電圧は−15V程度となることが予測できます.

　出力トランスの1次インピーダンスは2.5kΩとして使用しますが、2本の真空管を並列にして使うパラレルシングルなので、E_p-I_p特性図には倍の5kΩの負荷線を引くことになります. このとき、+20Vまでスイングできたとすれば、図中に示すように2.68Wを得ることができます. パラレルとすれば、倍の5.36Wが1次側で得ら

シャシー内部の配置

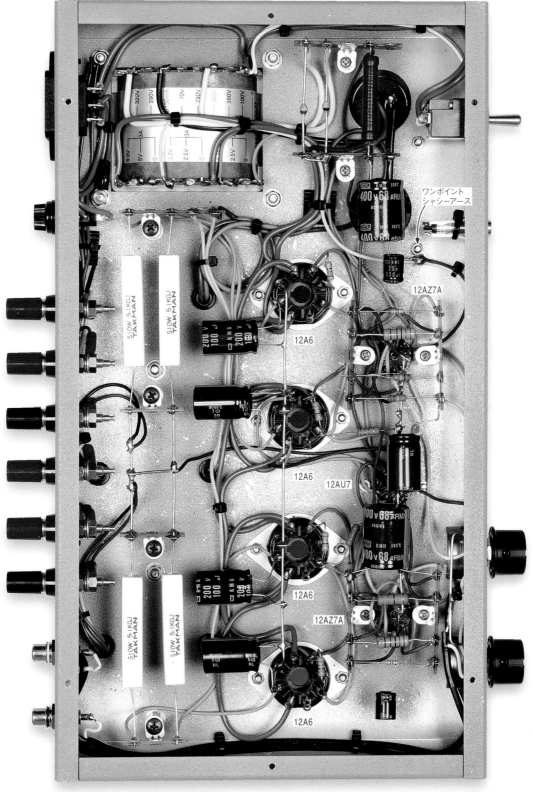

実体配線図では省略している線材の結束などはこの写真を参考に仕上げる。ACラインとハイインピーダンスの信号ラインが平行しないように配慮するなどの配線の取り回しも性能に影響するので，できるだけ写真に近くするほうがトラブル回避になる

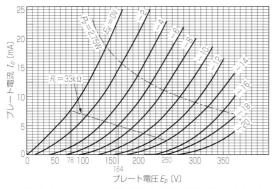

$E_p = 164V$, $I_p = 5mA$, $E_g = -6V$に動作点を置き，負荷33kΩを与えると，172V_{p-p}を得る．実効値にすると約60Vとなり，12A6は余裕を持ってドライブできる．12A6のI_gが多少流れても吸収できると思われる

[図3] 12AU7のE_p-I_p特性図

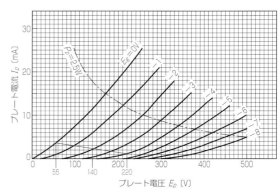

$E_p = 140V$, $I_p = 2mA$, $E_g = -2V$に動作点を置き，負荷66kΩを与える．このとき，0〜−4Vまで信号を入力すると，E_pは55〜220Vで変化する．したがって，増幅度は41.25倍となる．12A6を＋20Vまでドライブするのに必要な電圧は70V_{p-p}なので，実効値に直すと24.7Vが必要．したがって，フルドライブは0.6V程度の入力で十分であることがわかる．
また，E_p-I_p曲線があまりきれいではないので，2次歪みが多いと思われるが，この歪みは12A6との間での打ち消しが期待できる

[図4] 12AT7AのE_p-I_p特性図

れる計算です．出力トランスの定損失を考慮しても，4W程度の出力が2次側で得られるでしょう．

また，グリッドを＋20Vまでドライブした場合，最大出力に要する入力電圧は，約25V_{rms}必要ですが，負帰還をかけなければ，高μの3極管による1段増幅で十分に間に合います．ただし，A₂級はグリッドの＋側までドライブするので，当然，グリッド電流に対処するため，パワードライブする必要があります．そこで，常套手段ではありますが，カソードフォロワー段を設けて，直結ドライブにすることにしました．

ここにステップダウンの入力トランスを使用してもA₂級の動作ができるし，回路を単純化できて製作しやすくなりますが，反面，コストがかさむことから，競作の趣旨から外れるのでトランスドライブは見送りました．

カソードフォロワー段には，入手しやすい12AU7を使用してみました．**図3**に示すように，出力電圧は12A6の入力電圧に対して倍以上取れるだけでなく，100%の負帰還がかかるので出力インピーダンスは数百Ωまで低下することから，12A6をパワードライブでき

ます．当初，定格の大きな12BH7Aを使用しましたが，最大出力に変化はありませんでした．

初段には12AZ7Aを採用し，パラレルで使用しました．この真空管は，12AT7Aのヒーター電流をトランスレス用の450mAシリーズに合わせたもので，ヒーター規格以外の基本的な特性は12AT7Aと変わりません．ただし，ヒーター電力が大きいほうが音の浸透力があると言われているので，実験の意味も兼ねて採用してみました．

図4に，同特性である12AT7AのE_p-I_p特性図を示します．図中に示すように，0.6V程度で最大出力を得ることができそうなので，使いやすい感度に仕上がると思います．また，E_p-I_p特性図におけるE_g曲線の並びがきれいとは言えないことから，2次歪みが多く発生しそうです．

ただし，ある程度成り行きに任せる部分もありますが，うまく調整すれば，出力管との間での歪みの打ち消しが利用できると思います．

回路設計

本機の回路を**図5**に示します．基本は，全段直結A₂級シング

ルアンプです．単一電源で構成する場合，B電圧が高くなる点はデメリットですが，反面，カップリングコンデンサーを排除できるので，素直な音質のアンプに仕上がると思います．また，グリッドを＋側までスイングすれば出力の増大が期待できることは，メリットでしょう．

（1）初段

初段は12AZ7Aをパラレルとして，カソード接地で使用しました．負荷抵抗は33kΩ（金属皮膜型）として，I_pを4mAほど流しています．全段直結回路では，歪みの打ち消しを積極的に行うことはできませんが，それでも負荷抵抗値を低く設定することで，歪みの打ち消しに多少ですが貢献できているようです．

（2）カソードフォロワー段

カソードフォロワー段は，前述したように12AU7を使用しました．負荷抵抗は33kΩ（酸化金属皮膜型）として，4.5mA程度のI_pを流し，12A6を強力にドライブしています．出力インピーダンスが十分に低いことから，12A6のI_gが多少

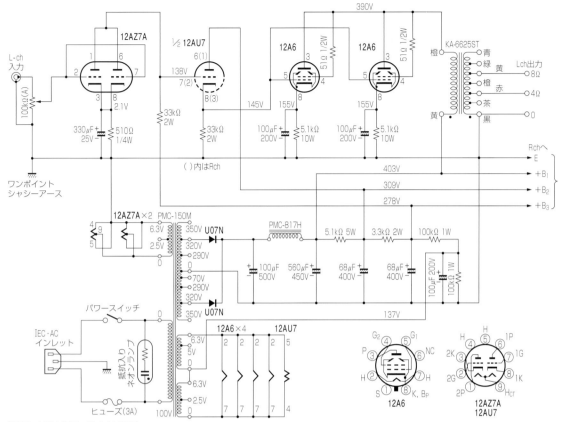

[図5] 本機の回路（Rchは省略）

流れても問題なくドライブできると思います.

(3) 出力段

出力段は, **12A6** をパラレルで使用しています. $E_p = 235V$, $I_p = 30mA$, $P_p = 7.05W$ での使用で, 7.5Wの最大プレート損失に対して若干の余裕を残した使い方です.

嵩上げ用のカソード抵抗を真空管ごとに設置しており, 5.1kΩの高抵抗を使用していることから, 真空管の I_p は強制的に抑えられます. そのため, 出力管に多少のバラツキがあっても, I_p に大ききな差が現れないというメリットがあり, 結果的に長期安定動作に対して有利となります.

(4) 電源部

電源部は, ごく普通の構成です.

AC320Vをダイオードで両波整流したのち, チョークコイルと電解コンデンサーで平滑しただけのものです. なお, **12A6** と **12AU7** のヒーター・カソード間の耐圧を考慮して, ヒーターバイアスをかけました.

使用パーツ

本機に使用した主要パーツを**表2**に示します.

12A6 は, ガラス管の **12A6GTY** でもよいのですが, メタル管のほうが安価で, 今回の趣旨にも合致し, 見た目も精悍な感じがします. どちらも同じ特性なので, 入手できるものでよいでしょう.

12AZ7A が入手できない場合は, **12AT7A** を使用してください. **12AU7** は, 同等管で結構です. いずれも, 新品であればメーカーは問

いません. 入手できるもの, もしくは手持ち品があれば, それを活用してください.

ソケットは大切な部品で, 嵌合具合が良い, しっかりした製品を使用してください. 完成後のトラブルを避ける意味でも, ソケットを入手した際は, 一度真空管を差し込んで, 確実にホールドできているかどうか, 前もって確認します. これは大切なので, ぜひ励行してください.

ダイオードの**U07N**は, 逆耐圧が1.5kVの日立の製品ですが, 同等品であれば, 入手できるものを使用してください.

出力トランスは前述のとおり春日無線変圧器のKA-6625STです. バンド型のシングル用で, 1次が2.5〜5kΩで使用できるユニバーサル型になっています. 周波

項　目	型番／定数		数量	メーカー	備　考
真空管	12A6		4	ケンラッド	メーカー不問
	12AU7		1	東芝	メーカー不問
	12AZ7A		2	東芝	メーカー不問
真空管ソケット	US8ピン		4	オムロン	モールド製
	MT9ピン		3	QQQ	モールド製
ダイオード	U07N		2	日立	
電源トランス	PMC-150M		1	ゼネラルトランス販売	
出力トランス	KA-6625ST		2	春日無線変圧器	
チョークコイル	PMC-817H		1	ゼネラルトランス販売	
コンデンサー	100μF	500V	1	ユニコン	ラグ端子型電解
	560μF	450V	1	ニチコン	ラグ端子型電解
	68μF	400V	2	日本ケミコン	縦型
	100μF	200V	5	日本ケミコン	縦型
	330μF	25V	1	日本ケミコン	縦型
抵抗	5.1kΩ	10W	4	タクマン電子	セメント型
	5.1kΩ	5W	1	コーア	酸化金属皮膜型
	33kΩ	2W	2	イーグローバレッジ	金属皮膜型
	33kΩ	2W	2	アムトランス	酸化金属皮膜型
	3.3kΩ	2W	1	アムトランス	酸化金属皮膜型
	100kΩ	1W	1	アムトランス	酸化金属皮膜型
	51Ω	1/2W	4		酸化金属皮膜型
	510Ω	1/4W	2		カーボン型
ボリューム	100kΩ（A）		2	東京コスモス電機	入力用
ツマミ			2		
シャシー	S-170		1	ゼネラルトランス販売	
IEC・ACインレット			1		
パワースイッチ			1	NKKスイッチズ	
ヒューズホルダー			1		
ヒューズ			1		3A
RCAピンジャック			1		赤色
			1		白色
出力ターミナル			2	サトーパーツ	黒色
			4	サトーパーツ	赤色
その他，必要に応じて					

数特性にあばれがなく，使いやすいトランスです．

電源トランスとチョークコイルは，ゼネラルトランス販売の製品を使用しました．いずれもカタログ品なので，入手は楽でしょう．

今回はシャシーもゼネラルトランス販売製なので，同時に注文するとよいでしょう．無塗装ですが，電源トランスの孔が加工済みになっています．

抵抗は，定数と定格を守ればメーカーは問いません．電解コンデンサーは，560μF/450Vは200μF/450V以上であればよく，68μF/400Vは47～100μF/400Vのもので結構です．

その他の部品もメーカーは問いませんので，各自が気に入ったも

の，もしくは手持ち品があればそれを活用してください．

製　作

今回は，回路図が読めなくても製作できるように，実体配線図を頼りにトライしてみてください．

フロントパネルには電源スイッチとオン表示用ネオンランプ，そして入力ボリュームを取り付けました．正面からすべての真空管が見えるように配置しましたが，4本のメタル管が黒いトランスとマッチして，重厚な感じを演出しています（58ページの**タイトル写真**）．

リアパネルにはIEC・ACインレットとヒューズホルダーを取り付けました（**写真3**）．出力端子は，

4Ωと8Ωを引き出しています．ここは，各自が使用しているスピーカーに合わせてください．

写真4は，本機を上から見たところです．孔あけ加工の際の参考にしてください．トランス類はできるだけ後ろに配置して，残りのスペースを広く取り，適度な間隔をあけて真空管を配置します．電解コンデンサーは，真空管の輻射熱を受けにくいところに配置してください．

本機は，シャシーに放熱孔をあけませんでしたが，シャシーに異常な発熱はありませんでした．

全段直結A$_2$級アンプは使用するパーツが少ないため，シャシー内部が込み合うことなく，すっきりした仕上がりになるのが特徴でしょう（**写真5～8**）．

ヒーター配線は，よくより合わせて配線するのが鉄則ですが，そこまでしなくても，ACラインとグリッド線を平行させなければ，ハムレベルは増加しませんでした．

写真6は増幅部です．MT9ピンソケットのセンターピン間にアース母線を張っています．ソケット取り付けビスに10mmのスペーサーを立て，そこに1L4Pの立てラグ板を取り付けて，必要な抵抗とコンデンサーを取り付けました．

また，**12A6**の1番ピンは，感電防止とシールドのためアースすることが鉄則なので，φ0.6mmの銅線を使用して1番ピンにアース母線を張り，そこにバイパスコンデンサーのアースを落としています（**写真7**）．なお，このアース母線は，出力管の放熱にも役立つものと思います．

写真8は，＋B$_1$，＋B$_2$部です．ここも電解コンデンサーの取り付けネジに10mmのスペーサーを立て，1L4Pの立てラグ板を取り

付けて，整流用ダイオード，5.1kΩの抵抗，68μFの電解コンデンサーを取り付けました．560μFの電解コンデンサーの取り付けネジ部に，菊座金とタマゴラグを使用したアース部を作り，すべてのアースをそこに落として，ワンポイントシャシーアースとしました（実体配線図を参照）．

なお，いちばん発熱するパーツは5.1kΩ/10Wのセメント抵抗です．シャシーに直接熱が伝わらないように，トランス取り付けネジに15mmのスペーサーを介して1L2Pの立てラグ板を設置して，この抵抗を空中に浮かせて取り付けています（**写真6**）．

調 整

基本的に，本機には調整箇所はありません．確実に配線できていてパーツに異常がなければ，一発で動作するはずです．ただし，真空管を差し込んでから，いきなり

[**写真3**] トランス類が並ぶ本機のバックビュー．パネルの出力端子は4Ωと8Ω

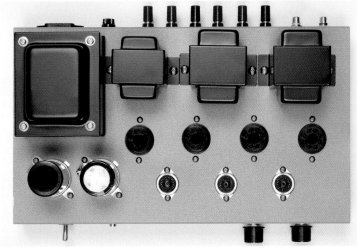

[**写真4**] 本機を真上から見る．電解コンデンサーは，真空管からできるだけ離して配置する

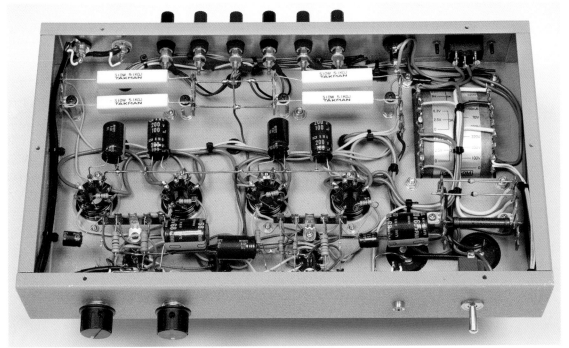

[**写真5**] バイアス抵抗は15mmのスペーサーで立てラグ板を浮かせ，シャシーから離すことで空気の対流を利用して放熱対策としている．この抵抗のリード線は短く切り詰めること

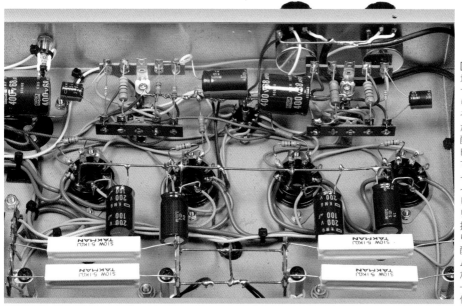

[写真6]
増幅部．MTソケットのセンターピンに銅線を張り，アース部はいったんそこに集中させて，そこからアースポイントまで配線した．12A6の1番ピンはシールド端子なので，そこに銅線を張り，バイパスコンデンサーのマイナスの脚をハンダ付けしている．スクリーングリッド保護用の51Ωの抵抗はソケットに直接取り付けている．ヒーター配線はよっていない．ハムを拾うことはなかったが，グリッド線はヒーター配線とは反対側に取り付け，交差を避けること

[写真7]
電源トランスまわりと出力管ソケット周辺．出力管ソケットに直接取り付ける部品は少ない．φ0.6mmの銅線によるアース母線（櫓アース）の組み立て方に注目．電源トランスへの配線をトランス中央にまとめるとシャシー内のスペースを取らず，スッキリと配線できる

[写真8]
左側は＋B₁，＋B₂電源部．1L4 Pの立てラグ板に整流用ダイオード (U07N) とデカップリング抵抗 (5.1kΩ) と電解コンデンサーを取り付けている．ここはパワースイッチとネオン管に近いので，互いに接触しないように注意

電源を入れることはあまりにも無謀ですので, 以下の手順で確認作業を行ってください.

最初に, シャシー内部の清掃を行います. 次は, 配線の確認作業です. 全段直結回路は, 各部に分けて確認することができないので, 配線確認は重要なポイントです.

実体配線図や回路図 (**図5**) と照らし合わせて, 誤りがないかどうか, 納得がいくまで確認してください. 電解コンデンサーとダイオードには極性があるので, 正確に取り付けられているかどうか, 慎重に確認してください.

間違いないと自信が持てたら, いったん整流ダイオード (**U07N**) を外して3A程度のヒューズを差し込みます. そして, すべての真空管も差し込みます. DMM (デジタルマルチメーター) をAC20Vレンジにして, 4本のうちのいずれかでよいので, **12A6**の2番ピンと7番ピンに当てて電源を入れてください. 当然のことですが, 12.6〜13V程度を示せば, 問題ありません. ついでに, **12AZ7A**と**12AU7**のヒーター電圧も確認します.

この段階でヒューズが飛んだり, 異常なにおいがしたりする場合には, すぐに電源を切り, 再度点検と配線確認を行ってください.

今度は, さきほど外しておいた**U07N**を取り付けます. DMMをDC200Vレンジにセットして, **12A6**のカソード抵抗の両端に当てます. これは, 4本のうちのいずれかで結構です. そして電源を入れてください. 11秒で電圧が上がってきて, 150〜160Vを示すはずです.

確認できたら, 残り3本のカソード電圧も同様に確認します.

155Vを中心にして, ±5V以内であれば, 正常だといえるでしょう. もし大きくずれる場合は, どこかに問題があるので, いったん電源を切って再度点検して, 不良箇所を修正してください.

どうしても指定の電圧にならない場合は, **12AZ7A→12AU7→12A6**の順に真空管を交換してみてください. それでもダメな場合は, 初段のカソード抵抗 (510Ω) を1kΩのボリュームに変更して, 指定した電圧になるようにボリュームを調整し, 最も近い値の固定抵抗器に置き換えてください.

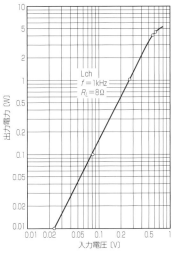

[図6] 入出力特性

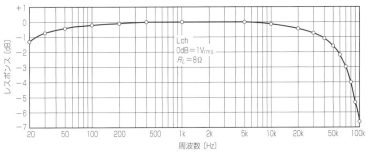

[図7] 周波数特性

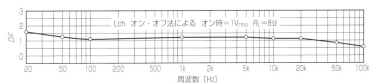

[図8] ダンピングファクター

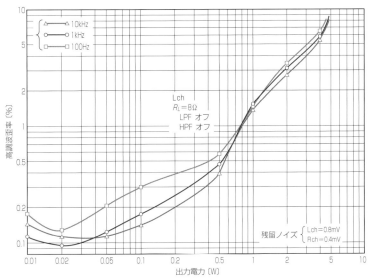

[図9] 歪率特性

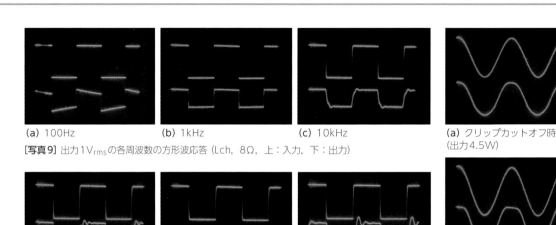

(a) 100Hz　(b) 1kHz　(c) 10kHz

[写真9] 出力1V$_{rms}$の各周波数の方形波応答 (Lch，8Ω，上：入力，下：出力)

(a) クリップカットオフ時
(出力4.5W)

(b) 出力5W

[写真11] 1kHzサイン波応答
(Lch，8Ω，上：入力，下：出力)

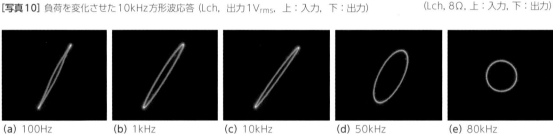

(a) 負荷オープン　(b) 8Ω＋0.22μF (並列接続)　(c) 0.22μFのみ

[写真10] 負荷を変化させた10kHz方形波応答 (Lch，出力1V$_{rms}$，上：入力，下：出力)

(a) 100Hz　(b) 1kHz　(c) 10kHz　(d) 50kHz　(e) 80kHz

[写真12] *XY*リサジュー図形 (Lch，8Ω)

　あとは，回路図に示した各部の電圧に近いことを確認できれば，調整は終わりです．

測　定

　入出力特性を**図6**に示します．実測では640mVで4.5Wとなりました．出力を伸ばそうとしてドライブ管に**12BH7A**を使用して再度計測してみましたが，出力は同じでした．**12AZ7A**にはまだ余裕があったので，出力が計算値と異なるのは，E_p-I_p特性図から割り出した際の計算上の誤差だと思います．

　それでも4.5Wの出力が得られ，感度も使いやすい値なので，これで完成としました．

　図7は，周波数特性です．2本で60mAのI_pを流していますが，小ぶりのコアの出力トランスにもかかわらず，低域がよく伸びてい

ます．高域もなだらかに低下する素直な特性で，全体的にきれいなかまぼこ特性だといえるでしょう．ピークやディップも見られないので，オーバーオールの負帰還にも十分対応できると思います．

　ダンピングファクター*DF*は1.25（1kHz）で，周波数に対して大きな変化はありませんでした（**図8**）．この値は低めなので，本機は1V以内でフルパワーが得られることから，3〜4dB程度の負帰還をかけて*DF*を調整しても，おもしろいかもしれません．

　図9は，歪率特性です．低出力時はカーブが揃わないものの，歪みの量は多くなく，1W以上ではカーブがよく揃っています．素直な特性になったといえるでしょう．

　なお，残留ノイズは0.8mV/Lch，0.4mV/Rchでした．

波形観測

　写真9は，各周波数における方形波応答波形です．

　低域でのサグは少なくなっていて，**図6**で示した特性そのものを表しています．10kHzでの応答波形は，多少オーバーシュートが見られます．周波数特性では現れなかったことから，100kHz以上のところに若干のあばれがあるものと思います．

　写真10は，負荷を変化させて観察した10kHz方形波応答です．**写真10 (a)** の負荷オープン時で，多少リンギングが発生していますが，すぐに収束しているので，安定した動作であることがわかります．

　これは，**写真10 (b)** の容量性負荷特性からも，また**写真10 (c)** の純容量性負荷特性からもわかり，

無帰還アンプのもつ安定性の高さを示しています.

写真11 (a) はクリップカットオフ時の, また**写真11 (b)** は最大出力時のサイン波応答波形です. カットオフが多少早いようですが, 気になるならば**12A6**の I_p を多少絞れば改善するでしょう. ただし, I_p を絞ると, 心なしか力感が少なくなるように感じたので, 最大出力より自分好みの音質を優先させました.

写真12は, 各周波数における XY リサジュー図形です. 今回使用した出力トランスの位相特性がどの程度かを知るために観測してみました. 100Hz〜10kHzまでは大きな変化はなく, 80kHzで90°ずれることが波形からわかり

ます. オーバーオールの負帰還を使用する場合でも, わずかの位相補正は必要でしょうが, 特性の良いアンプに仕上げることができるでしょう.

試 聴

ダンピングファクター値を上げるため, 3〜4dBの負帰還をかけてもと思いましたが, 10cmフルレンジの小型スピーカーでも低域の出方に違和感はなく, また音量を欲張らなければストレスを感じることもなく, 音楽を楽しく聴く

ことができました.

抜けが良く, さわやかな音質だと思います. 欲を言えば, もう少し太めの音質になるとさらに良いと思いました. 大型のフロアシステムを使用していて, **2A3**シングルアンプ程度の出力があれば十分という方には, 特におすすめの1台ではないかと思います.

試聴スピーカーは, TAD TL-1601b×2+TD-4001+ウッドホーン, アルテック620B（604-8H入り）, フォステクス10cm+自作箱などを使っています.

2019年の真空管オーディオ・フェアでの試聴会用に製作されたアンプ3機種は, すべて本書に収録されている. 写真奥が長島勝氏の6JA5シングル（70ページ）, 手前左が本機, 右が岩村保雄氏のEL34シングル（46ページ）

AND MORE !!

タイプの異なる真空管で音の変化を楽しむ

『世界の真空管カタログ』（山川正光編, 誠文堂新光社, 1995年）によると, **12A6**はインダストリアルタイプ（工業規格）に分類されています. したがって, 一般民生用とは異なって高品質なつくりとなっているはずです. ただ, あまり知られていないためか比較的安価に入手できることは有利です.

本機は3極管接続パラシングルとして使用しましたが, 出力は4.5Wなので低能率スピーカーには不向きかもしれません. 出力不足の解決策としてビーム管接続とすれば, シングルのままでも倍近い出力が得られ, またゲインにも余裕ができるので, オーバーオールの負帰還をかけてダンピングファクター値を調整すればおもしろいアンプになりそうです. いずれ機会があれば実験してみたいと考えています.

12A6にはGT（ガラス）管の**12A6GTY**があるので, メタル管と差し替えてみました. さすがに工業規格品だ

けのことはあり, 定数の変更はしなくても使用できましたが音色は多少異なり, 私のシステムではGT管のほうがよりシャープで切れの良い音のように聴こえました. それに対してメタル管は, とげとげしいところがなく, おおらかで落ち着いた音色と感じました. 無帰還アンプなので真空管の音色がストレートに出てくることは当然のことかもしれません. こんなふうに音の変化を楽しむことも真空管アンプのおもしろいところです.

本機と同一の部品を使用すれば, 実体配線図が頼りになり, 初心者でもなんとか完成までこぎつけることができると思うので, ぜひトライしてみてください. その際は『作って楽しむ真空管オーディオアンプ』（『MJ無線と実験』編集部編, 誠文堂新光社, 2013年）がガイドとして役に立つので, この本を熟読し, 前もってある程度理解を深めれば, シャシー加工をはじめとしたアンプ製作のハードルをクリアできると思います.

（征矢 進）

2019年10月発表

A₂級動作で出力5.8W．音質向上のアイデアを取り入れた

6JA5 3極管接続シングルパワーアンプ

長島　勝

テレビ受像機用垂直偏向出力4極ビーム管6JA5の高いプレート損失（19W）を生かしたA_2級シングルアンプ．初段とカソードフォロワー段には5極MT管EF80/6BX6を使用．競作企画の課題の出力トランスKA-6625STの最適な負荷を実測で3.5kΩとして設計した．出力は約5.8W．特注電源トランスやカップリングコンデンサーの銅管封入など，音質向上の工夫が実感できるだろう．

トランスと製作費を固定した競作

　2019年の真空管オーディオ・フェアでの『MJ無線と実験』の試聴イベントは，「春日無線変圧器の出力トランスを使う」，「製作費は6万円以下」というルールで3名のアンプビルダーが工夫を凝らして製作した真空管アンプを聴くという企画でした（58ページ参照）．

　本機は，そのイベントのために製作したものです．

出力管の選定

　製作費に制限があるので，価格の高い出力管は使えません．出力トランスは負荷抵抗2.5kΩ/3.3kΩ/5kΩのユニバーサル型なので，負荷抵抗が1.5kΩ〜5kΩの出力管を使うことになります．

　すぐに思い浮かぶのは **6L6** で，ほかには **6CA7**，**7591A** あたりが思い浮かびましたが，これらはポピュラーなので，今さらな気がします．

　そこで，以前手がけたことがある出力管から，安価で出力が取れそうなものを選んでみました．候補は **6JH5**，**15KY8**，**6JA5** などです．

　その中から，本機では，現在も安価に入手できる **6JA5** を選びました．この真空管では，『MJ無線と実験』2014年10月号でプッシュプルアンプ（35W）を発表しています．また，**6JA5** シングルアンプは，かつて『ラジオ技術』2008年12月号に発表したことがあります．そのときも3極管接続でKA-6625S（後述）を使用していました．このときの出力は3.92Wでしたが，もう少し出力が欲しいので，A_2級にして出力を稼ぐことにしました．

　6JA5 は，垂直偏向出力ビーム4極管の中でも最大級の規模を誇る12ピンコンパクトロンです．黒川達夫氏によって『MJ無線と実

実体配線図

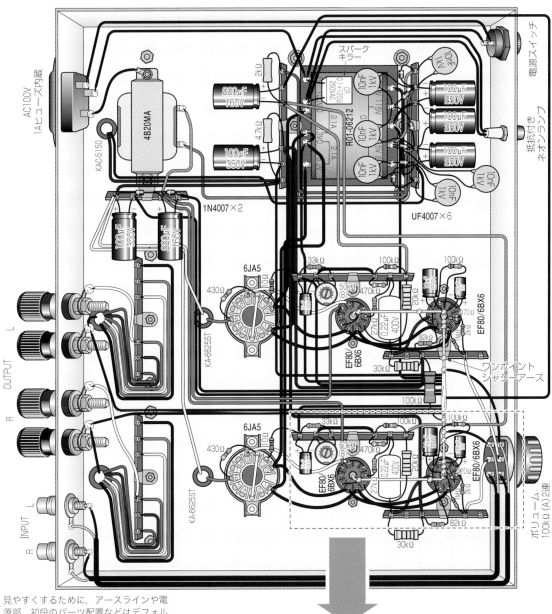

見やすくするために，アースラインや電源部，初段のパーツ配置などはデフォルメして描いているので，実際のパーツ配置や配線の取り回しは73ページの写真を参照

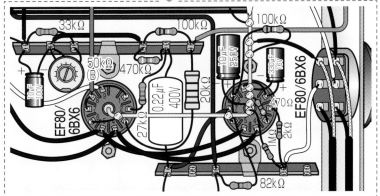

破線部の拡大．ボリュームまわりと右チャンネルの初段とカソードフォロワー段とバイアス回路

6JA5はGE製を使用. テレビ受像機用垂直偏向出力管として各社で生産されているので, 入手は容易

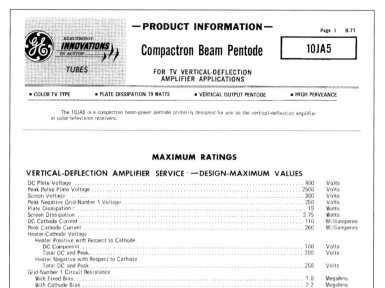

— PRODUCT INFORMATION —

Page 1 8-71

10JA5

Compactron Beam Pentode

FOR TV VERTICAL-DEFLECTION
AMPLIFIER APPLICATIONS

■ COLOR TV TYPE   ■ PLATE DISSIPATION 19 WATTS   ■ VERTICAL OUTPUT PENTODE   ■ HIGH PERVEANCE

The 10JA5 is a compactron beam-power pentode primarily designed for use as the vertical-deflection amplifier in color television receivers.

MAXIMUM RATINGS

VERTICAL-DEFLECTION AMPLIFIER SERVICE — DESIGN-MAXIMUM VALUES

DC Plate Voltage	400	Volts
Peak Pulse Plate Voltage	2500	Volts
Screen Voltage	300	Volts
Peak Negative Grid-Number 1 Voltage	250	Volts
Plate Dissipation	19	Watts
Screen Dissipation	2.75	Watts
DC Cathode Current	110	Milliamperes
Peak Cathode Current	260	Milliamperes
Heater-Cathode Voltage		
Heater Positive with Respect to Cathode		
DC Component	100	Volts
Total DC and Peak	200	Volts
Heater Negative with Respect to Cathode		
Total DC and Peak	200	Volts
Grid-Number 1 Circuit Resistance		
With Fixed Bias	1.0	Megohms
With Cathode Bias	2.2	Megohms

CHARACTERISTICS AND TYPICAL OPERATION

AVERAGE CHARACTERISTICS

Plate Voltage		45	135	Volts
Screen Voltage		125	125	Volts
Grid-Number Voltage		0‡	−10	Volts
Plate Resistance, approximate		---	12000	Ohms
Transconductance		---	10300	Micromhos
Plate Current		210	95	Milliamperes
Screen Current		20	4.2	Milliamperes
Grid-Number Voltage, approximate				
Ib = 100 Microamperes		---	−33	Volts

[図1] 10JA5 (6JA5の10.5V管) の規格 (1971年版のGEのデータシートより抜粋)

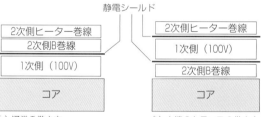

静電シールド

(a) 通常の巻き方 — 2次側ヒーター巻線 / 2次側B巻線 / 1次側 (100V) / コア

(b) 本機のトランスの巻き方 — 2次側ヒーター巻線 / 1次側 (100V) / 2次側B巻線 / コア

[図2] 電源トランスの巻き方の違い

験』2008年2月号に紹介されました. しかし, 私の手許の資料では, GEのマニュアルにわずかに載っているだけでした. そこで, インターネットでヒーター規格違いの**10JA5**のデータ (**図1**) を見付けました. もともとは**10JA5**が600mAシリーズのトランスレス用として開発されたようで, **6JA5**はその派生のようです.

　6JA5はヒーター電圧6.3V, ヒーター電流1Aです. プレート最大電圧は400V, スクリーングリッド最大電圧は300Vあります. また, プレート損失は非常に大きく19Wもあり, スクリーングリッド損失は2.75Wとなっています. g_mは10.3mSで, 3極管接続時のμに当たるμ_{g2}などは発表されていなかったので, μ_{g2}は類似管の**6LU8**の6.5を参考にしました.

トランス類

　トランスとチョークコイルは, すべて春日無線変圧器の製品です.

(1) 出力トランス

　出力トランスは同社のKA-6625ST (60ページ参照) です. 1次インピーダンス2.5kΩ, 3.3kΩ, 5kΩのユニバーサル型シングル用出力トランスです.

　これは, 旧製品KA-6625Sをリニューアルしたもので, 旧モデルがバンド型ラグ端子でコアの積厚が25mmだったのに対して, 新タイプは, リード出しの縦型両カバー型でコア積厚が35mmになっています. コアはオリエントコアで, 出力は10Wです.

　巻線は2段アンプ用になっていますが, 4, 8, 16Ωは2次側を逆にしても使えるようにタップが出ています. 2次側タップを替えて, 2段用と3段用ともに1.5kΩ～5kΩあたりまで適応できそうです.

　実測したところ, **6JA5**では1次側を約3.5kΩ (規格は3.3kΩ) として使用し, 6Ω端子 (橙) に8Ωスピーカーを接続すると出力が最大になるので, この組み合わせで使用することにしました.

(2) 電源トランス

　電源トランスは特注品です. 通常の電源トランスは, コア側から1次側巻線, 静電シールド, B巻

シャシー内部の配置

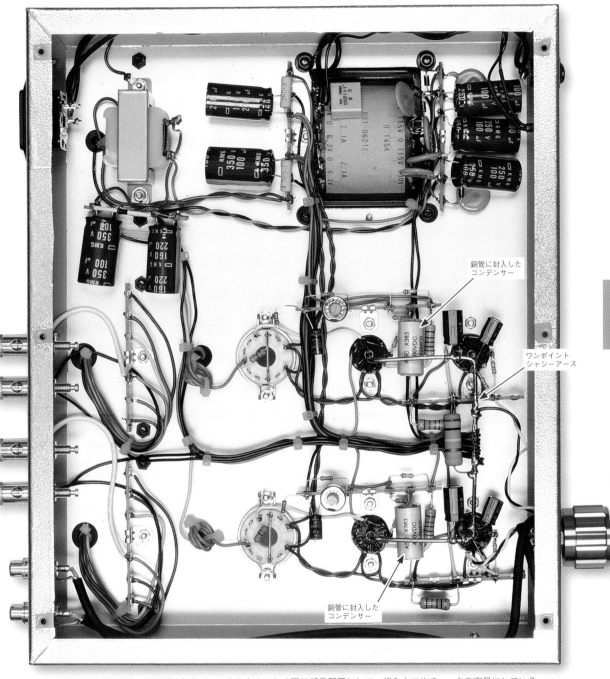

銅管に封入した
コンデンサー

ワンポイント
シャシーアース

銅管に封入した
コンデンサー

写真の上側1/3は電源部．増幅部は左右チャンネルをまったく同じ部品配置にして，組み立てやチェックを容易にしている

線，ヒーター巻線の順で巻くのに
対して，本機では，B巻線，静電
シールド，1次側巻線，静電シー
ルド，ヒーター巻線の順で巻いて
います（**図2**）．この巻き方のほう
が，1次側と2次側の電磁的結合

が強いと思われます．

　以前，巻き方の異なる同規格の
トランスを4種類作って実験した
ことがあります．そのとき，この
巻き方が最も密度の濃い音だった
と記憶しているので，今回の特注

に際して，この巻き方を採用しまし
た．このトランスはR01-06212
の型番で注文できます．

　通常の巻き方で静電シールドな
しのものと，ここで説明した本機
に使用した巻き方が選べるので，

メーカーに問い合わせてください.

前段の真空管選定と回路

（1）初段管

初段は，使用実績の多い**EF80/6BX6**にしました．**EF80**はテレビの中間周波増幅に繁用されていたもので，ヒーター電圧6.3V，ヒーター電流0.3A，プレート最大電圧，スクリーングリッド最大電圧ともに300Vあります．プレート損失2.5W，スクリーングリッド損失0.7Wであり，g_mは7.4mSです．μ_{g2}は50と発表されています．

東芝や旧松下電器産業の規格表ではシャープカットオフとされていますが，『オーディオ用真空管マニュアル』（一木吉典著，ラジオ技術社，1985年）では，セミリモートカットオフとなっています．どちらにしても，ハイg_m管は程度の違いはあるもののリモートカットオフの傾向があるので，調整によっては3極管接続出力管との2次歪みの打ち消しも可能です．

余談ですが，**E80F**という高信頼管がありますが，**EF80**とは規格が違います．**EF80**の長寿命管として使えるのは**EF800**です．

EF80はシーメンス製を使用．日米の型番である6BX6も含めれば選択肢は豊富．メーカーを問わず使用できる

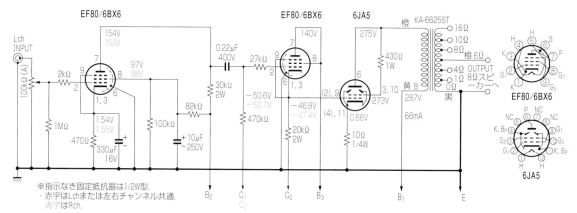

※指示なき固定抵抗器は1/2W型.
・赤字はLchまたは左右チャンネル共通.
　青字はRch.

[図3] 本機の増幅部の回路（Lチャンネル分）

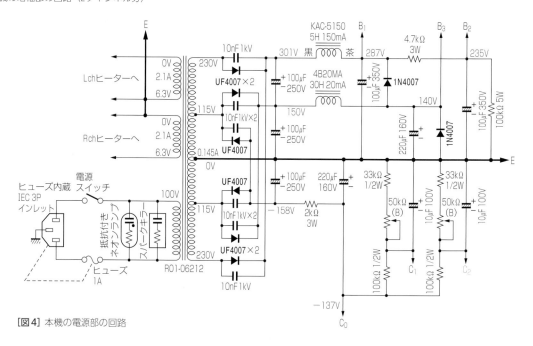

[図4] 本機の電源部の回路

(2) カソードフォロワー段

カソードフォロワー段は悩みました. まず, H-K耐圧が高いことと, できればμ_{g2}が高く, g_mが大きい真空管が望まれます. μが大きいと, カソードフォロワーでのゲインロスが少なくなります. また, g_mが大きければ, この段での歪率が低下します.

当初は**12BY7A**を予定していましたが, 近年価格が上がっているようなので, 垂直偏向出力管の**6CW5**

を採用することにしました. しかし, カソードフォロワー段の設計をしているうちに**6CW5**のバイアスが深すぎてしっくりしないのがわかったので, カソードフォロワー段も初段と同じ**EF80**に変更しました. 前述の通り, μ, g_mとも大きいので好都合です.

回路構成

本機の回路を**図3**, **4**, 主要部品を**表1**に示します.

(1) 初段

前述の通り, **EF80**を使い, ゲインを稼ぐために5極管接続としています.

入力された信号はAカーブ100kΩボリュームと対アースに入ったグリッドオープン防止の1MΩと発振止めの2kΩを経て, コントロールグリッドに入ります.

スクリーングリッドとB_2間には82kΩが入り, ブリーダー抵抗100kΩが直接アースされています.

[表1] 本機の主要部品

項　目	型番/定数		数量	メーカー	備　考	購入先（参考）
真空管	6JA5		2	GE		クラシックコンポーネンツ
	EF80/6BX6		4		手持ち品	
真空管ソケット	12ピンコンパクトロンソケット		2			サンエイ電機
	9ピンMTソケット		4			海神無線
ダイオード	UF4007		6	ビシェイ		秋月電子通商
	1N4007		2	ビシェイ		サンエレクトロ
電源トランス	R01-06212		1	春日無線変圧器	特注品（本文参照）	春日無線変圧器
出力トランス	KA-6625ST		2	春日無線変圧器		春日無線変圧器
チョークコイル	KAC-5150		1	春日無線変圧器		春日無線変圧器
	4B20MA		1	春日無線変圧器		春日無線変圧器
コンデンサー	10nF	1kV	6		セラミック型	
	0.22μF	400V	2	ASC	フィルム型	海神無線
	100μF	350V	2	日本ケミコン	縦型電解, KMG	海神無線
	100μF	250V	3	日本ケミコン	縦型電解, KMG	海神無線
	10μF	250V	2	日本ケミコン	縦型電解, KMG	海神無線
	220μF	160V	2	日本ケミコン	縦型電解, KMG	海神無線
	10μF	100V	2	日本ケミコン	縦型電解, KMG	海神無線
	330μF	16V	2	日本ケミコン	縦型電解, KMG	海神無線
固定抵抗器	100kΩ	5W	1		酸化金属皮膜型	
	4.7kΩ	3W	1		酸化金属皮膜型	海神無線
	2kΩ	3W	1		酸化金属皮膜型	海神無線
	30kΩ	2W	2	イーグローバレッジ	金属皮膜型	
	20kΩ	2W	2	イーグローバレッジ	金属皮膜型	
	430Ω	1W	2		酸化金属皮膜型	海神無線
	1MΩ	1/2W	2		カーボン型	秋月電子通商
	470kΩ	1/2W	2		カーボン型	秋月電子通商
	100kΩ	1/2W	4		カーボン型	秋月電子通商
	82kΩ	1/2W	2		カーボン型	秋月電子通商
	33kΩ	1/2W	2		カーボン型	秋月電子通商
	27kΩ	1/2W	2		カーボン型	秋月電子通商
	2kΩ	1/2W	2		カーボン型	秋月電子通商
	470Ω	1/2W	2		カーボン型	秋月電子通商
	10Ω	1/4W	2		金属皮膜型	秋月電子通商
可変抵抗器	100kΩ　Aカーブ　2連		1	アルプスアルパイン		
ツマミ	ツマミ		1		手持ち品	
半固定抵抗器	50kΩ　Bカーブ		2	日本電産コパル電子	RJ13-PR	海神無線
シャシー	JB-2530		1	リード	底板は使用しない	エスエス無線
天板	アルミ板　300×250mm		1	タカチ電機工業	厚さ2mm	
インシュレーター	RS-28S		1	タカチ電機工業		
立てラグ板	1L4P		1	サトーパーツ	L-590	海神無線
	1L6P		8	サトーパーツ	L-590（一部要加工）	海神無線
電源スイッチ			1			
パイロットランプ	抵抗付きネオンランプ		1			
スパークキラー			1	ルビコン		海神無線
ACインレット	IEC 3ピン		1		ヒューズ内蔵	海神無線
ヒューズ	1Aスローブロー		2		1本は予備	海神無線
RCAピンジャック			1組		白, 赤	海神無線
スピーカー端子			2組		黒, 赤	海神無線

カソード抵抗は470Ωで，バイパスコンデンサーは330μF/16Vが入っています．プレートの負荷抵抗は30kΩ 2Wとしていますが，1W型でも十分です．

カップリングコンデンサーはASC（アメリカンシヅキ）のフィルム型0.22μFですが，銅管に入れてエポキシで固めてあります．コンデンサーは重くすると，低域に力が出てくるようです．

（2）カソードフォロワー段

初段同様，**EF80**を使用します．グリッドリーク抵抗は470kΩです．コントロールグリッドには27kΩがシリーズに入っていますが，これは発振止めとともにカソードフォロワーの高域に寄った音質を緩和する働きも持っています．

カソードの負荷抵抗は20kΩ2Wとしています．このカソードと出力段のコントロールグリッドが直結されています．

（3）出力段

6JA5を3極管接続にしています．スクリーングリッドには430Ω1Wの保護抵抗を入れていますが，470Ωのほうが購入しやすいでしょう．

カソードには電流測定用の10Ω 1/4W（1%）の金属皮膜抵抗が入っています．この抵抗はヒューズ代わりにもなっていて，過大な電流が流れると焼損してオープンになり，出力トランスや出力管を保護します．

前述のように，負荷抵抗は約3.5kΩ相当なので，橙端子を出力とし，8Ωスピーカーを接続します．

（4）電源回路

電源トランスの230Vと115V

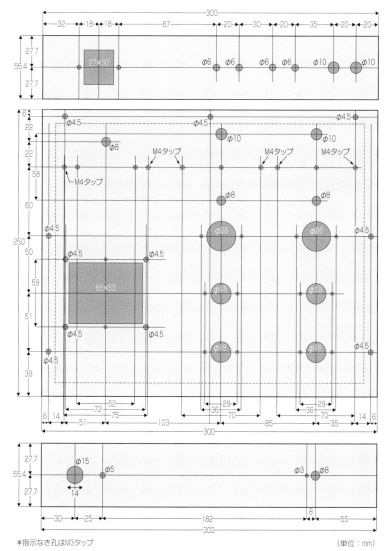

＊指示なき孔はM3タップ　　　（単位：mm）

[図5] シャシー加工図（フロント，リア，サイドはスチール製，天板は2mm厚のアルミ板）

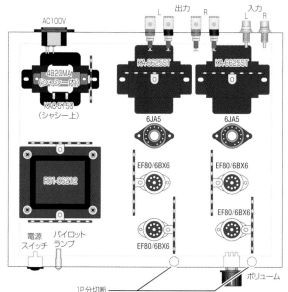

[図6] シャシー上と内部の部品配置（シャシー上から透視）

を両波整流しています．ラグ板の都合で，230V整流後の電解コンデンサーはアースではなく115V整流後に接続されています．また，マイナス側の115Vも整流しています．

ダイオードは**UF4007**で，転流ノイズ防止に10nF/1kVが入っています．出力段へのB₁は，230Vを両波整流した後，5H150mAのチョークコイル（KAC-5150）を通り，100μF/350Vのコンデンサーで平滑して供給しています．

B₁を4.7kΩと100μFでデカップリングして初段に供給（B₂）しています．

B₁とB₃間とB₃とアース間の**1N4007**は，整流直後の100μF/250Vへの逆電圧防止のために入っています．

カソードフォロワー段には30H20mAのチョークコイル（4B20MA）と220μF/160Vで平滑して供給しています（B₃）．マイナス側の電源（C₀）も2kΩと220μF/160Vで平滑し，バイアス回路に供給されています．

バイアス電圧の分割は，半固定抵抗器が故障した場合，バイアスが深くなるようになっています．

シャシーと外観の仕上げ

シャシーは，タカチ電機工業のSRD-SL8シリーズを使いたいところでしたが，予算の関係でリードのフランジ付きケースJB-2530と2mm厚のアルミ板を組み合わせることにしました．

JB-2530のサイド（本体）はスチール製で，天板と底板はグレー塗装の1.5mm厚アルミ板です．フランジ部分を切り落とせば，そのまま使うこともでき，コストダウンにもなるのですが，天地を逆にして，底板の代わりにヘアーライン仕上げの2mm厚アルミ板を天板とすることで，天板に十分な強度を持たせました．

シャシーの仕上げとして，銀色のダイノックシート（建築用の化粧フィルムの商品名）をサイドに貼っています．

また，天板の正面（フロントパネル側）にビスがあると格好が悪いので正面のビスは廃止しました．それに伴い，天板固定用の皿ビスをトラスネジに変更し，ワッシャーをかませて見栄えを良くしています．

JB-2530にはゴム脚などが付属していないので，タカチ電機工業の「化粧プラフット」を使っています．

シャシー加工図を**図5**に，シャシー上から見た部品配置を**図6**に示します．

諸特性

表2に残留ノイズ実測値を示します．

入出力特性は**図7**です．6.8Vがクリッピングポイントで，そのときの出力は5.78Wですが，波形（**写真1**）を見ると崩れが少ないので，7.4V（6.85W）までは使えそうです．3次高調波が主体で，それにクリップによる高次高調波が加わっています．

1kHz，1Vでは2次高調波が主体になっています．**6JA5**自体，あまり直線性が良くないためです．1kHz，5.0Vではグリッド電流が流れ始めたらしく，高次高調波が含まれてきます．

ゲインは24.5dBで，高めに仕上がりました．

1V，8Ωの周波数特性（**図8**）は，−1dBで23Hz〜43kHz，−3dBで12Hz〜82kHzでした．無帰還としては広帯域ですが，少々

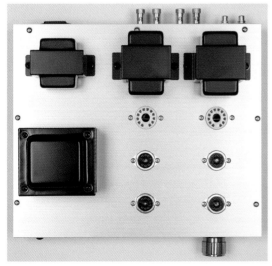

本機のバックビュー．電源トランスを前面に，チョークコイルを後方に配置することで，重心がシャシー後方に偏らないようにしている．実用機ではなく試聴イベント用に製作されたので，機能は最小限で簡素なデザインとなっている

250×300mmの正方形に近いシャシーの1/3ずつ電源部，左右チャンネルの増幅部という内部構造が容易に想像できる合理的でわかりやすい部品配置

[表2] 残留ノイズ測定結果

残留ノイズ 〔mA〕	オープン（8Ω）			ショート（8Ω）		
	なし	400Hz	Aウエイト	なし	400Hz	Aウエイト
Lch	1.500	0.056	0.088	1.200	0.036	0.020
Rch	1.100	0.050	0.068	1.000	0.050	0.018

Rチャンネルの増幅部．出力管6JA5は1つの電極から複数のピンが出ているうえに無接続ピンが3つある（図3参照）ので使わない端子が多いが，3番と10番（スクリーングリッド）だけは，放熱のために太いスズメッキ線で結ぶ

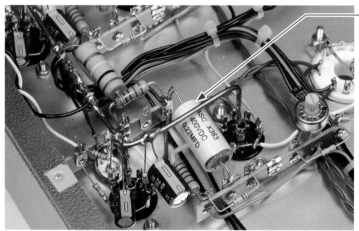

Lチャンネルの増幅部．アース母線を高めに張って，その下のスペースを有効に使う．カップリングコンデンサーは銅管に入れてエポキシで封止したうえにラベルを貼り，透明の熱収縮チューブで保護している

電源トランスは端子直近に1L6Pの立てラグ板を配してダイオード（UF4007）やコンデンサーなどを取り付ける

増幅部を別方向から見る．真上から見たのでは気付かない，抵抗やコンデンサーの立体的な配置がわかる

チョークコイルを中心とした平滑回路．縦型の電解コンデンサーは容量が容易に視認できるような向きにしたいので，天板に対して平行に取り付ける

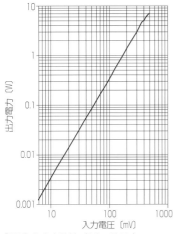

[図7] 入出力特性（8Ω, 1kHz）

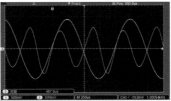

(a) 1V（入力【黄】500mV/div, 出力【青】500mV/div, 250μs/div）

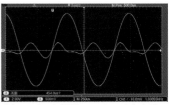

(b) 5V（入力【黄】2V/div, 出力【青】500mV/div, 250μs/div）

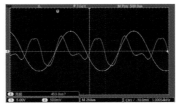

(c) 6.8V（入力【黄】5V/div, 出力【青】500mV/div, 250μs/div）

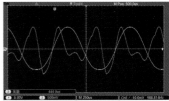

(d) 7.4V（入力【黄】5V/div, 出力【青】500mV/div, 250μs/div）

[写真1] 1kHz正弦波と歪み成分（8Ω）

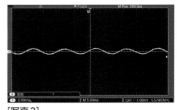

[写真2]
残留ハムの波形（2mV/div, 5ms/div）

高域寄りです．周波数特性は122kHzに段がありますが，ピークはありません．

　歪率特性は**図9**です．最低値は100Hzの0.24%という成績でした．3周波数とも同じようなカーブでしたが，小出力時の100Hzの値が良いのは，ハムノイズがカットされたためです．初段を変更して積極的に歪みを打ち消せば，1kHzも10kHzもかなり状態が変わると思います．

　シャシーが小さかったためか，電源トランスの誘導を受けているようです（**写真2**）．

　10kHz方形波応答を**写真3**, **4**に示します．

　8Ω純負荷では，ほとんどオーバーシュートは見られません．0.047μFと並列にすると角が少し出て

きます．0.1μFでは山が見え始めます．0.22μFでは小さなオーバーシュートが見られ，0.47μFではオーバーシュートが大きくなっていくのがわかります．

　無負荷ではオーバーシュートとリンギングが見られます．純容量負荷0.047μFではリンギングがハッキリ見えます．0.1μFではオーバーシュートの振幅がさらに大きくなり，4波振動が見られます．0.22μFではさらにオーバーシュートが大きくなり，同じく2波振動が見られます．0.47μFではさらに振幅が増えて1波となっています．

　無帰還なので，位相補正しなくても発振しません．そのため，位

相補正などは行いませんでした．

　ダンピングファクターは1kHzで2.13になりました（**図10**）．可聴帯域では，右肩下がりながらほぼフラットに近くなっています．20kHzあたりの高域から下がっていくのはリーケージインダクタンスのせいでしょう．また，50Hz以下での上昇は，出力トランスの2次巻線のインダクタンスが小さいので，

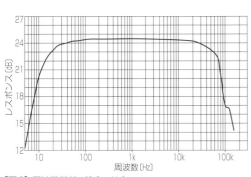

[図8] 周波数特性（8Ω, 1V）

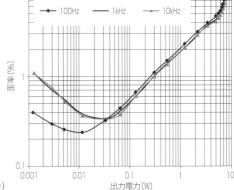

[図9]
歪率特性（8Ω）

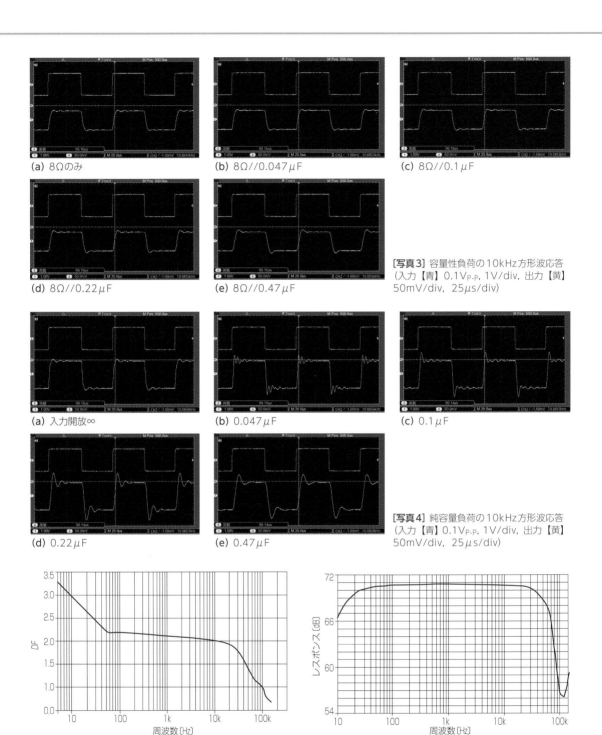

(a) 8Ωのみ

(b) 8Ω//0.047μF

(c) 8Ω//0.1μF

(d) 8Ω//0.22μF

(e) 8Ω//0.47μF

[写真3] 容量性負荷の10kHz方形波応答
(入力【青】0.1V_{P-P}, 1V/div, 出力【黄】
50mV/div, 25μs/div)

(a) 入力開放∞

(b) 0.047μF

(c) 0.1μF

(d) 0.22μF

(e) 0.47μF

[写真4] 純容量負荷の10kHz方形波応答
(入力【青】0.1V_{P-P}, 1V/div, 出力【黄】
50mV/div, 25μs/div)

[図10] ダンピングファクター (8Ω)

[図11] チャンネルセパレーション特性 (8Ω)

抵抗分に近づいていくからです.

チャンネルセパレーション特性
（**図11**）は1kHzで70.8dBでし
たが，残留ノイズと同じ測定値な
ので，実際はもっと良いはずです.

消費電力は静止時71Wで，消
費電流は0.8Aになりました．ヒ
ューズはスローブローの1Aとし
ています.

ヒアリング

カップリングコンデンサーを銅
管に入れたためか，低域の弱さを
感じない力強い音で，オーケスト
ラやオルガンなども破綻なく再生
します.

測定はしていませんが，初段は
6EJ7, **6EH7** も差し替えることがで
きます．特に **6EH7** では柔らかい
音質になり，BGM向きになると
思いました.

リードのフランジ付きケースの底板を2mmアルミ板に替えて天板として使用. 天板のフロント側にはビスの頭が出ないようにデザインを配慮した. サイドにはダイノックシートを貼って仕上げて, 塗装とは違った味を出している

AND MORE !!

無帰還アンプにNFBをかける

本機は無帰還で製作しましたが, NFBをかけることを考えてみます. ゲインが24.5dBあるので, 6dB弱のNFBが可能です.

第一に, カソードNFBを考えてみます. 通常2.5kΩの出力トランスを2次側の6Ωのタップに8Ωを負荷することで3.5kΩとみなして使用しています. そのため2次側の極性を反転させて0Ω端子からNFBを取るのは無理があります. そのため1次側の極性を反転する必要があります. NFB量は各タップによって違いますが, 聴きながら好みのタップにすればいいでしょう (図A). カソードNFBなので, この程度では位相補正の必要性はないと思います.

次に, ループNFBの可能性を探ってみます. NFBを戻すのは初段カソードです. カソードのバイパスコンデンサーを外してかけることも可能ですが, トータルゲインが下がりすぎてしまうので, 初段カソード抵抗を分割する必要があります. 分割は430Ωと39Ωが良く, 430Ωはカソード側, 39Ωはアース側で, 430Ωにバイパスコンデンサーを入れます.

カソードNFBを使用しない場合は16Ω端子から (図B), カソードNFBを併用する場合は0Ωから帰還抵抗でNFBを戻す形になります. 通常は430Ωと39Ωの接続点にNFBを戻します. 帰還量は3～5dB程度が良いと思います. それ以上では位相補正が必要になることがあります. また, カソードに戻すと低域の締まりが良くなるので, 試して好みのほうにしてみるとよいでしょう.

カソードNFBとループNFBの併用も可能ですが, 複数のやり方があって誤解を招きやすいので, ここでは割愛します.

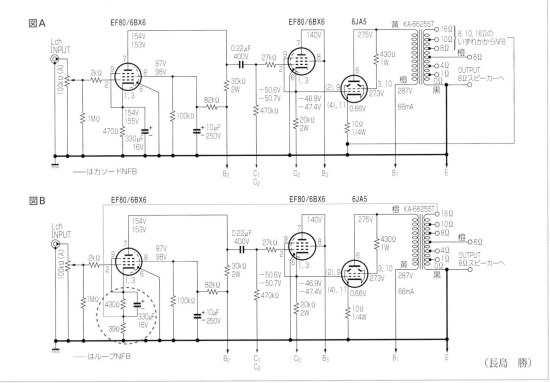

(長島 勝)

2020年12月発表

対称回路，A級動作で最大出力8.5W

6T10 プッシュプルパワーアンプ

岩村保雄

コンパクトロン6T10は，電圧増幅部と電力増幅部の2種類の5極ユニットからなるデュアル5極管という珍しいタイプの真空管．この6T10のみを4本使って，上下対称の回路によるプッシュプルパワーアンプを製作した．すべて5極管接続とし，負帰還（NFB）を10.4dBかけている．シャシーにタカチ電機工業のEXシリーズを使ってスマートな中型アンプとした．周波数特性（−1dB）は10Hz以下〜48kHz，中域でのDFは2.5，最大出力（歪率4%）は8.5Wである．

コンパクトロン使用のプッシュプルアンプ

コンパクトロンは外形と構造はGT管，ソケットはMT管という過渡的な真空管です．オーディオ分野でよく知られたコンパクトロンとしてはNECの**50C-A10**があります．

本稿では，電圧増幅と電力増幅の5極管ユニットからなるデュアル5極管の**6T10**を使って，上下対称の回路を検討します．この**6T10**はシャープカットオフ特性でFM検波に使うデュアルコントロール（コントロールグリッドとサプレッサーグリッドともに信号入力が可能）の5極部とオーディオ帯域の電力増幅5極部が組み合わされたテレビ用の真空管です．

さて，すべて5極管を使った上下対称な回路のパワーアンプというと，**EF86**と**KT66**を使ったクオードⅡがすぐに思い浮かびます．しかしながら，クオードⅡの回路は理解するのがやっかいであり，加えて絶妙なバランスで設計されているので，一部といえども変更を加えるのは避けたいところです．

本機は，初段を5極部による差動増幅回路，出力段を5極部によるA級プッシュプル回路として，適度なNFBをかけるという，まことに素直な回路です．シングル動作では最大出力4.2Wの**6T10**ですが，プッシュプル動作の本機では最大出力8.5Wを得ているので，低能率のスピーカーでも十分ドライブできると考えられます．

筆者は以前から，自作のアンプといえども外観は重視すべきと主張していて，本機でもアルミ押し

実体配線図

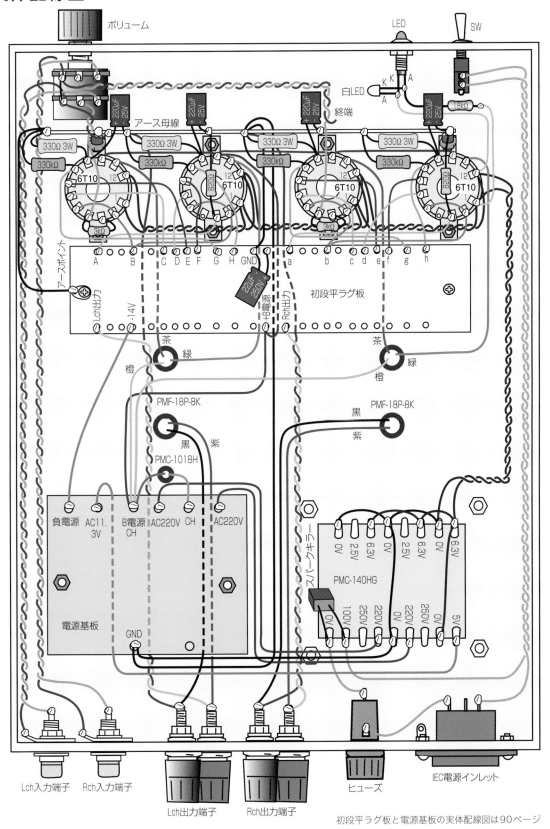

初段平ラグ板と電源基板の実体配線図は90ページ

[写真1] 使用した真空管6T10（RCA）

[図1] 6T10の規格（GEのデータブックより抜粋）．RCAのデータシートでは第1ユニットがビーム4極になっている

出し材で構成されているタカチ電機工業のEXシリーズのケースを使って，既成のアンプのような外観としています．内部配線は簡易な平ラグ板を自作して，ほとんどのパーツをその平ラグ板に載せているので，シャシー内部はシンプルそのものです．

使用部品と回路の設計

真空管は，ちょっと変わった真空管だなと気になって以前に購入していたRCAブランドの**6T10**を使います（**写真1**，**図1**）．**6T10**はテレビ用の複合管で，さまざまなメーカーによって製造されているので，現在でも安価に購入することができるようです．**6T10**の電力増幅部のユニット1と電圧増幅部のユニット2についての定格ならびに動作例を**表1**に示します．

はじめに，電力増幅段の動作を**図2**のプレート特性をもとに考えます．**表1**の動作例では，プレート電圧とスクリーングリッド電圧は250Vなので，最大定格275Vに近く，これ以上のプレート電圧は考えられません．

そこで本機では無理をせずにプレート電圧を250Vとします．自

[表1] 6T10の定格と動作例

管　　種			6T10ユニット1	6T10ユニット2
ヒーター電圧	E_h	〔V〕	6.3	
ヒーター電流	I_h	〔A〕	0.95	
最大定格				
プレート電圧	E_p	〔V〕	275	330
プレート損失	P_p	〔W〕	10	1.7
スクリーングリッド電圧	E_{g2}	〔V〕	275	330
スクリーングリッド損失	P_{g2}	〔W〕	2	1.1
ヒーター・カソード間耐圧	E_{h-k}	〔V〕	DC100, DC+peak200	
動作例			A級シングル	電圧増幅
プレート抵抗	r_p	〔kΩ〕	10	150
相互コンダクタンス	g_m	〔mS〕	6.5	1.0
プレート電圧	E_p	〔V〕	250	250
プレート電流	I_p	〔mA〕	35	1.3
スクリーングリッド電圧	E_{g2}	〔V〕	250	100
スクリーングリッド電流	I_{g2}	〔mA〕	2.5	2.1
コントロールグリッド電圧	E_{g1}	〔V〕	-8	バイアス抵抗560Ω
負荷抵抗	R_{Lpp}	〔kΩ〕	5.0	—
最大出力	P_{omax}	〔W〕	4.2	—
データの出典			GE	

シャシー内部の配置

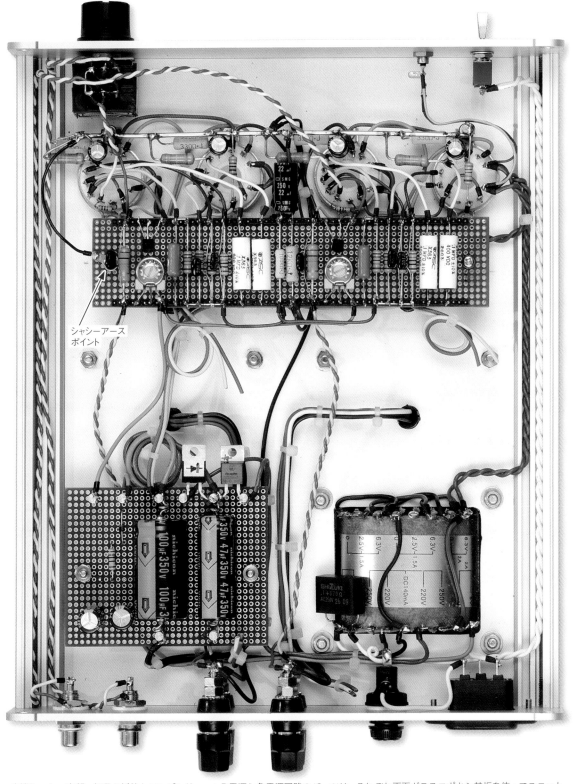

シャシーアース
ポイント

本機シャシー内部．初段の抵抗とコンデンサー，＋B電源と負電源回路のパーツは，それぞれ両面ガラスエポキシ基板を使ってユニット化している．4つ並ぶ真空管のうち両端のソケットの取り付けネジにスタンドオフ端子を共締めしてアース母線を張り，ボリューム側の端から初段平ラグ板の取り付けネジのところにリード線を延ばしてアースポイントとしている

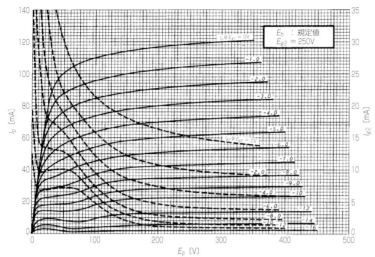

[図2] 6T10ユニット1（電力増幅部）のプレート特性（GEの資料より）

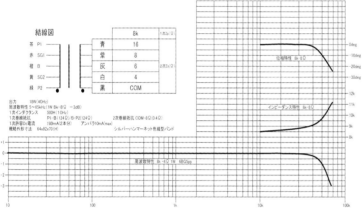

[図3] 出力トランス PMF-18P-8Kの特性と接続図（ゼネラルトランス販売の資料より）

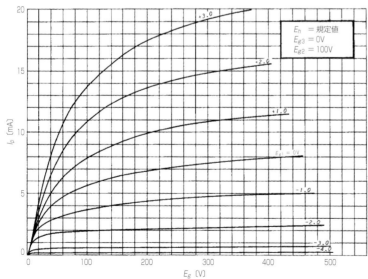

[図4] 6T10ユニット2（電圧増幅部）のプレート特性（GEの資料より）

己バイアス動作ではグリッドバイアスが−8Vなので，B電源電圧は258Vが必要となります．またA級シングル動作でのプレート電流は25mAなので，A級プッシュプル動作でのカソード電流はプレート電流とスクリーン電流の合計27.5mAとなり，そこからカソード抵抗は8〔V〕/27.5〔mA〕≒290〔Ω〕となります．A級，AB級プッシュプル動作の負荷インピーダンスはシングル動作の負荷インピーダンスの2倍前後に取られる例が多いようです．出力トランスの選択にも関係して，本機では8kΩとしました．

実機ではB電圧が280Vに増し，プレート電圧E_pが想定より高い265Vとなったので，電流などの値は上述とは若干違っています（プレート電流27mA，グリッドバイアス10V，カソード抵抗330Ω）．プレート損失は7.2Wなので最大プレート損失10Wには，まだ余裕があります．

出力トランスは，ゼネラルトランス販売のPMF-18P-8Kを使います．シングル動作の場合，**6T10**の最大出力は4.2Wなので，A級プッシュプル動作の最大出力は，およそその2倍と考えられます．

そこで，定格最大出力が18Wの小型プッシュプル用であるPMF-18P-8Kを採用しました．UL端子付きで，2次側に多くのタップがあるので，さまざまな出力インピーダンスに対応できます．いちばん気に入ったポイントは，1次側許容アンバランス電流が10mAとかなり大きめにできていることです．アンバランスの程度によりますが，小さい場合は出力段の直流バランス調整回路を省くこともできます．もちろん，直流バランスを厳密に取ったほうが歪率は小

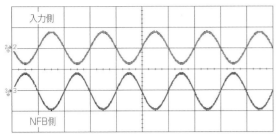

入力側

NFB側

[図5] 差動増幅部の位相反転した2つのユニット2のプレート波形 (0.5ms/div, 2V/div)

さくなります. しかし, 本機では簡略化を重視して, あえて直流バランス調整を省くことにしました. 出力トランスPMF-18P-8Kの特性と接続図を図3に示します.

初段の差動増幅回路は, **6T10**のユニット2を使って5極管動作の差動増幅回路とします. **6T10**ユニット2（電圧増幅部）のプレート特性を図4に示します. 動作例でのスクリーングリッド電流I_{g2}が

2.1mAと大きいことが気になります. 本機の動作でも0.8mAだったので, I_{g2}が流れやすい性質なのでしょう. プレート電流I_pは1mAを目処としたので, プレート抵抗を68kΩ, スクリーングリッド抵抗を120kΩとしました. そのときのプレート電圧は95V, スクリーングリッド電圧は71Vです. 上下ユニットのスクリーングリッドは, コンデンサーで結んで交流

的にバランスを取るようにします. 初段差動増幅回路の定電流素子には高g_mのNチャンネルFET**2SK117BL**を使っていますが, すでに製造終了なので, 手に入らないときは**2SK246BL**を使ってください（ピン配置が左右逆なので注意が必要です）.

差動増幅段の増幅度は, 入力側プレートとNFB側プレートの間の信号電圧と入力電圧の比で111倍でした（1つのユニットで55.5倍）. 実際に差動増幅回路が位相反転動作をしている波形を図5に示します.

電源回路は＋B電圧として270V（130mA）, 負電圧としておよそ−14V（5mA）, さらにヒーター電圧として6.3Vで3.8Aが必

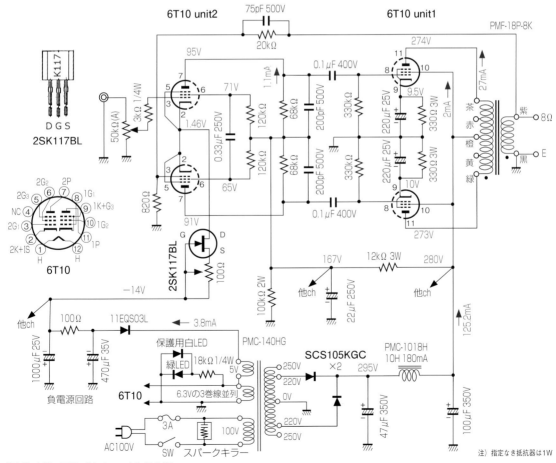

[図6] 本機の回路（片チャンネルは省略）

[表2] パーツリスト

種　類	適　用	数量〔個〕	購入先（参考）	コ　メ　ン　ト
真空管	6T10	4	クラシックコンポーネンツ	RCAほか
FET	2SK117BL	2		生産終了，本文参照
ダイオード	SiCショットキーバリア，SCS105KGC	2	秋月電子通商	ローム，B電源整流（1200V/5A）
	Siショットキーバリア，11EQS03L	1	秋月電子通商	京セラ，負電源整流（30V/1A）
トランス類	電源トランス，PMC-140HG	1	ゼネラルトランス販売	
	出力トランス，PMF-18P-8K	2	ゼネラルトランス販売	
	チョークコイル，PMC-1018H-B	1	ゼネラルトランス販売	10H/180mA
コンデンサー	200pF/500V	4	海神無線	マイカ型，位相補償
	75pF/500V	2	海神無線	マイカ型，位相補償
	0.1μF/400V	4	海神無線	ASC X363，カップリング
	100μF/350V	1	海神無線	チューブラー型，ニチコンTVX，B電源平滑
	47μF/350V	1	海神無線	チューブラー型，ニチコンTVX，B電源平滑
	0.33μF/250V	2		日立AIC ポリエステル型，スクリーングリッドバイパス
	22μF/250V	1		縦型，日本ケミコンSMG，デカップリング
	470μF/35V	1		縦型，日本ケミコンKMG，負電源平滑
	220μF/25V	4		縦型，日本ケミコンSMG，出力段パスコン
	1000μF/25V	1		縦型，日本ケミコンKMG，負電源平滑
抵抗	330kΩ，1W	4	海神無線	炭素皮膜型，グリッドリーク
	68kΩ，120kΩ，1W	各4	海神無線	金属皮膜型，初段プレート，スクリーングリッド
	820Ω，1W	2		金属皮膜型，初段コントロールグリッド
	330Ω，3W	4		酸化金属型，出力段カソード抵抗
	100kΩ，2W	1		酸化金属型，ブリーダー電流
	12kΩ，3W	1		酸化金属型，デカップリング
	20kΩ，1W	2	海神無線	炭素皮膜型，帰還
	3kΩ，1/4W	2	海神無線	炭素皮膜型，初段入力
	100Ω，1W	1		金属皮膜型，負電源平滑
	18kΩ，1/4W	1		LED用，種類不問
可変抵抗器	ボリューム 50kΩ（2連 Aカーブ）	1	海神無線	アルプスアルパイン RK-27112A
	半固定抵抗 100Ω	2	海神無線	日本電産コパル電子 RJ-13S
真空管ソケット	コンパクトロン 12P	4	テクソル	
入出力端子	スピーカー端子 UJR-2650G（赤，黒）	各2	門田無線	
	RCAピンジャック C-60（赤，白）	各1	門田無線	
	IEC電源インレット EAC-301	1	門田無線	
そのほか	シャシー EX23-5-27	1	エスエス無線	タカチ電機工業
	両面孔あきガラスエポキシ基板	1		初段用，電源用
	ツマミ（サトーパーツ K4071）	1	門田無線	ボリューム用（好みのもの）
	小型トグルスイッチ（単極単投）	1	門田無線	日本電産コパル電子　8A-1011でも可
	緑色LEDインジケーター（CTL601）	1		孔径φ6.2mmのもの
	白色LED	1	秋月電子通商	
	ヒューズホルダー（3Aミニヒューズ付き）	1		サトーパーツ，F-7155
	スタンドオフ端子，高さ約17mm	2		タイト製でもベーク製でも可
	基板用立てピン	8	門田無線	
	40ピンシングルラインピンヘッダー	2	門田無線	2.54mmピッチ，本文参照
	スペーサー（メス-メス）φ3，20mm	2	西川電子部品	
	スペーサー（オス-メス）φ4，15mm	2	西川電子部品	
	スパークキラー	1		シズキ，AC250V
	プラスチックブッシング	4	西川電子部品	取り付け孔φ9.5mm
	プラスチックブッシング	1	西川電子部品	取り付け孔φ8mm
	配線材#20，#22 それぞれ5色	各2m		
	スズメッキ線 φ2mm	50cm		
	結束バンド（8cm）	適宜	西川電子部品	インシュロックタイ
	ゴム脚（φ23mm）	4	西川電子部品	
	ビスナットM3，M4，10mmL	適宜	西川電子部品	トラス頭，丸皿頭

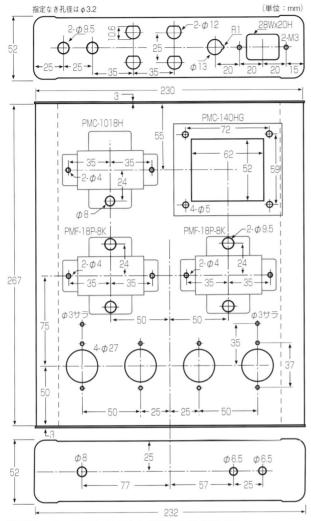

指定なき孔径はφ3.2　　　　　　　（単位：mm）

[図7] シャシー加工図（天板左右の破線内のみ使用可能）

要です．半導体ダイオード整流なら電源トランスの高電圧の巻線は220Vで足りるので，ゼネラルトランス販売のPMC-140HG（250V-220V-0-220V-250V/140mA，6.3V/2A，6.3V/1.5A，6.3V/1.5A，5V/2A）を使うことにしました．

ここで，ヒーター電源用の各巻線は単独では電流が足りないので，6.3Vの3つの巻線を並列接続して6.3V/5Aとして使うことにしました．さらにPMC-140HGには負電圧用の巻線がないので，上記6.3Vと5V巻線を直列につなぎ，ダイオードで半波整流して，およそ－14Vを得ています．

＋B電源は，SiCショットキーバリアダイオード**SCS105KGC**（1200V，5A）を使って両波整流します．両波整流に使うダイオードは交流入力電圧の3倍の逆耐電圧が必要なので，規格のひとまわり小さい**SCS206AGC**（650V，6A）は使うことができません．負電源のダイオードはSiショットキーバリアダイオード**11EQS03L**（30V，

[写真2] シャシー天板上のレイアウト．真空管とトランスの配置はシンプル

[写真3] 本機のバックビュー．パネルには必要最小限の端子類だが，透明シールにパソコンで印字した表示を貼り付けて実用性を上げている

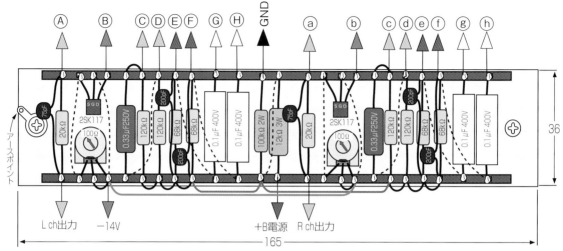

[図8] 初段平ラグ板の実体配線図．破線は基板裏側の配線．丸印の大文字は左チャンネル，小文字は右チャンネル

[写真4] 初段平ラグ板は両面孔あきガラスエポキシ基板とピンヘッダーを使って製作した．左端の取り付けネジ部分がアースポイント

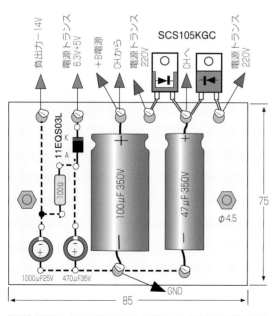

[図9] B電源と負電源基板の実体配線図．破線は基板裏側の配線

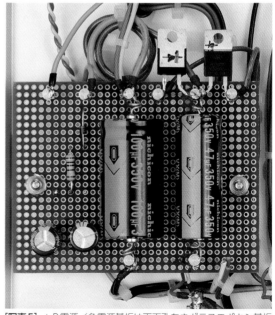

[写真5] ＋B電源／負電源基板は両面孔あきガラスエポキシ基板と立てピンを使っている

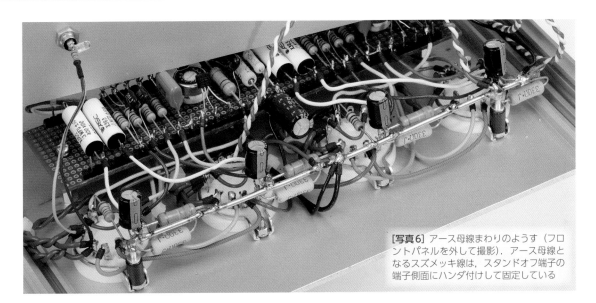

[写真6] アース母線まわりのようす（フロントパネルを外して撮影）．アース母線となるスズメッキ線は，スタンドオフ端子の端子側面にハンダ付けして固定している

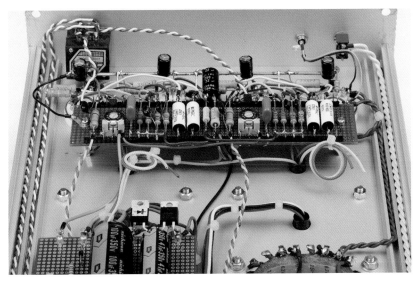

[写真7] シャシーの両サイドにある溝を使って，両チャンネルの入力端子からボリュームまでの配線やACまわりの配線のほか，ヒーター配線などをすっきりまとめている

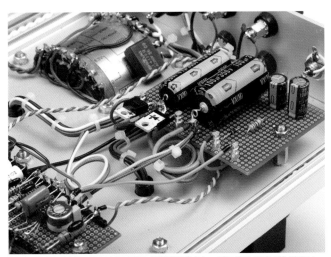

[写真8] 電源基板の取り付け状態．整流用ダイオードに極性を書き込むといった細かい配慮が取り付け間違いを防ぐ

[写真9] リアパネルの配線．ノイズ発生を防ぐため，配線の結束やより合わせは写真通りに行う．フロント，リアともにパネルが取り外せるシャシーなので配線は容易

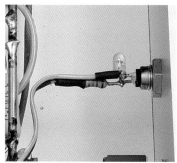

[写真10] 電源表示用の緑色LEDには, 保護用として白色LEDと抵抗を接続した

1A) を使います. なお, 半波整流の場合に必要な逆耐電圧は1.5倍です.

平滑回路のチョークコイルは, ゼネラルトランス販売のPMC-1018H (直列10H/180mA) を使います. 定格電流がひとまわり小さくてもよいのですが, 外形が出力トランスと同じなのでこちらを選んでいます. 平滑用のコンデンサーは, 電源基板に載せる都合でチューブラー型を使います.

アンプが安定に動作するように初段プレート抵抗68kΩに位相補償のコンデンサー200pFを並列に入れ, さらに高域の周波数特性を平坦化するために, 負帰還抵抗20kΩに並列に75pFを入れています. なお, 初段入力のグリッドに直列に入っている抵抗3kΩは寄生発振を防止するためのものです.

後述の種々の測定結果を考慮して修正し, 実際に製作した回路図を図6に示します (パーツリストは表2).

製作手順

シャシー (タカチ電機工業EX23-5-27) は, コの字型の天板および底板 (硬質アルミ2.5mm厚) と前後のパネルから構成されています. 側面の短いほうが天板なので注意してください. 天板とフロ

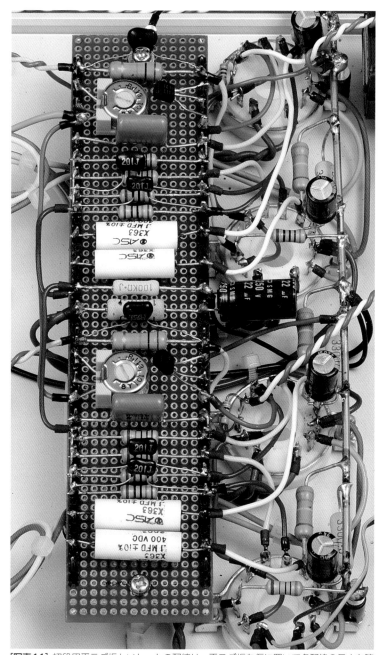

[写真11] 初段用平ラグ板とソケットの配線は, 平ラグ板を仮に置いて各配線の長さを確認→配線をソケット側にハンダ付け→平ラグ板を取り付け→各配線を所定のピンにハンダ付けという手順で行うと作業がスムーズ

ントパネル, リアパネルは, 図7に示したシャシー加工図に従って孔あけ加工をしてください (写真2, 3も参照). 硬い材質なので, 孔あけはシャシーパンチでは困難ですが, ホールソーなら容易です.

組み立ては, 前後パネルと天板を組み立てる前に各種部品, 出力トランスやチョークコイル, 電源トランスなどを取り付けます. なお, 出力トランスとチョークコイルのリード線引き込み孔にはプラスチックブッシングをはめておきます. 取り付け完了後に前後パネルと天板をネジどめします.

次に, 初段の抵抗やコンデンサ

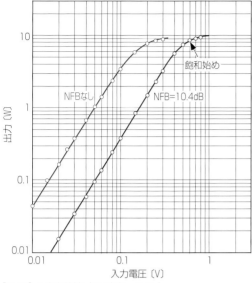

[図11] 入出力特性（8Ω出力，1kHz）

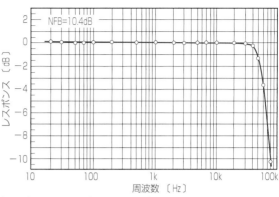

[図12] 周波数特性（0dB＝1/2W）

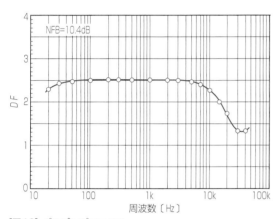

[図13] ダンピングファクター

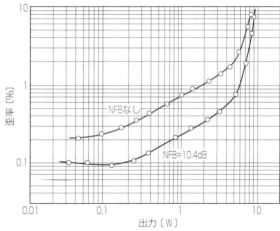

[図14] 1kHzの歪率特性（NFBなしと10.4dB．400Hzはローカット，30kHzはハイカットフィルター使用）

ーを載せる平ラグ板を組み立てます．これは，所定の大きさ（36×165mm）に切断した両面孔あきガラスエポキシ基板を使い，**図8**と**写真4**のように40ピンのピンヘッダー（2.54mm間隔フラットケーブル用）のピンを適宜抜いて（抵抗間は1ピンおき，電解コンデンサー間は2ピンおきなど）から基板にハンダ付けします．組み立て終了後，初段平ラグ板はM3×20mmのスペーサーを使ってシャシーに固定します．

電源基板も初段平ラグ板と同様，両面孔あきガラスエポキシ基板を使います．部品の取り付けは，2.5

mmの孔をあけて立てピンをネジどめします（**図9**，**写真5**を参照）．なお，立てピンはラグ付きハトメでもかまいません．＋B電源部は主に立てピンを使いますが，負電源部は部品が小さいので，基板のパターンを使って配線しています．電源基板は，φ4×15mmのスペーサーを介してチョークコイルの取り付けネジで固定します．

シャシー内の配線は，まず両端の**6T10**用ソケットの取り付けネジにスタンドオフ端子を共締めし，このスタンドオフ端子の間にφ2mmスズメッキ線のアース母線を張ります（**写真6**）．ただし，ボリ

ューム側は，配線の都合でスタンドオフ端子より2cmほど伸ばしておいてください．シャシーアースは，アース母線の左端から，初段平ラグ板を固定するネジのところで落とします（85ページの写真，**写真4**，**7〜9**などを参照）．

入力部分は，RCA端子からボリュームまでは22AWG配線材を撚って配線し，さらにシャシー端部の2本の溝に押し込んでおきます（**写真7**）．AC電源の配線も同様に20AWG配線材を撚って配線して，溝に押し込んでおきます．**6T10**のヒーター配線は，電源トランスの6.3V巻線を並列接続

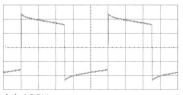

(a) 100Hz

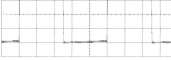

(b) 1kHz

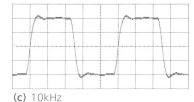

(c) 10kHz

[図15] 8Ω純抵抗負荷における方形波応答波形（1V/div）

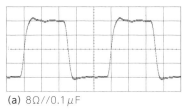

(a) 8Ω//0.1μF

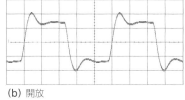

(b) 開放

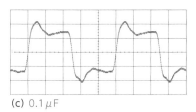

(c) 0.1μF

[図16] 負荷開放ならびに容量性負荷における10kHz方形波応答波形（1V/div）

してから，すべての**6T10**に並列接続します．このとき6.3V巻線のアース側を忘れずアースにつないでください（ヒーターアース）．

LEDはヒーター配線の6.3Vで点灯しています．LEDのデータシート上での逆耐圧は多くが5Vです．今まで不具合があったことはありませんが，念のため保護用のLEDを逆並列接続しています（**写真10**）．

6T10のグリッドリーク抵抗，カソード抵抗，バイパスコンデンサーはソケット各ピンとアース母線の間に配線します．これら以外のパーツは初段平ラグ板と電源基板の上に載っているので，残りは各部の間の配線のみとなります．

最後に，初段平ラグ板と電源基板の実体配線図（**図8, 9**）に示した指示に従って配線します．ソケットと初段平ラグ板の間の配線は，初段平ラグ板を仮配置して各配線に必要な長さを調べ，その長さの線をソケット側にハンダ付けしておき，初段平ラグ板を固定してから所定のピンに配線してください（**写真11**）．

配線が終わったら繰り返し配線を確認してから真空管を差し，初

段平ラグ板上の半固定抵抗を中央位置にしてから電源を入れてください．テスターで初段プレート（初段平ラグ板のポイントE, Fおよびe, f）とアースの間の電圧を測りながら半固定抵抗を回し，約90Vとします．その後，回路図（**図6**）に記載している各部電圧をテスターで確認します．6T10はバラツキが大きいようなので，各ポイントの電圧が10%以内に収まっていればOKです．

測　定

残留ハムは，入力ボリュームを絞り切った状態で 0.61mVなので，ハム音はほとんど聴こえません．NFBをかける前と10.4dBのNFBをかけたときの入出力特性（1kHzで測定）を**図11**に示します．NFBをかけたとき，入力電圧0.6Vで8.5Wの最大出力（歪率4%）が得られています．

出力1/2Wでの周波数特性を**図12**に示します．周波数特性は帯域幅（-1dB）が20Hz以下〜45kHzなので，十分ワイドな特性です．

ダンピングファクター*DF*をオン・オフ法により測定しました（**図13**）．30Hz〜7kHzの中域でおよそ2.5なので，適度な大きさとなっています．

NFBをかける前後での1kHzの歪率を**図14**に示します．ここから10.4dBのNFBにより中域出力での歪率が1/3に減少していることがわかります．NFBをかけたときの歪率は，出力0.1Wで0.1%，1Wで0.25%です．

方形波応答波形

抵抗負荷8Ωのときの100Hz，1kHz, 10kHzの方形波応答波形を**図15**に示します．また，無負荷および容量性負荷（8Ω//0.1μF，0.1μFのみ）としたときの10kHzの方形波応答波形を**図16**に示します．

試聴とまとめ

試聴は，小型スピーカー（アコースティックラボ「ボレロ」）で行いました．本機は小型のスマートなパワーアンプといった印象の見かけとは違って，力強く素直に音楽を表現していると感じられました．

対称回路プッシュプルアンプは回路の対称性によって歪みが打ち

消されるので，5極管接続の出力
段でも少量の負帰還で低歪率が実
現できると考えています．ところ
が本機で歪率を測定すると，10
kHzの値が0.3％（0.1W）とな
り，100Hzや1kHzと比較する
と大きく，差動増幅回路で使って
いるFETの高域での定電流特性
が十分ではない可能性があります．
現在，適切なFETが入手困難なこ
ともあり，改善には個別部品によ
る定電流回路の検討が必要でしょ
う．

　対称回路プッシュプルアンプは
優れた回路であるものの，さらに
主要パーツを変更することなく出
力段を3極管接続に，あるいはア
ルテック型への改造を楽しむこと
ができます．

[**写真12**] 同形の真空管がフロントに4本並ぶ
印象的な外観も本機の魅力の1つ.

AND MORE !!

改造によって別のアンプに

　実体配線図を見ると，4本の双5極管**6T10**まわりの配
線の数が多くて戸惑ってしまうかもしれません．しかし
ながら配線をよく見ると，回路が対称であることがわか
ります．つまり同じ配線の繰り返しなので，流れ作業の
ように配線を進めることができ，見た目ほど面倒ではな
いことがわかるでしょう．

　本機はほとんどの部品をそのまま使ったわずかな改造
で，まったく違うアンプとすることができます．最も簡
単な例は，**図**の赤の配線（100Ωを追加）とする，出力
段の3極管接続化です．3極管接続にすることで最大出力
は小さくなるものの，3極管アンプの音を味わうことが
できます．

　また，緑の配線（100Ωは使用しない）のようにUL接
続とするのも簡単な改造です．UL接続では5極管接続と
3極管接続の中間の特性とすることができます．

　これらの改造による出力管の動作はいずれも局部負帰
還なので，負帰還抵抗20kΩを2倍程度にして，全体に
かけている負帰還を半減します．3極管接続ならば無帰
還アンプとして楽しむこともできます．

　さらに少しの手間を惜しまなければ，前段の回路変更
のみでアルテック型アンプとすることもできます．アル

テック型への改造の詳細は『MJ無線と実験』誌の2021
年2月号を参照してください.

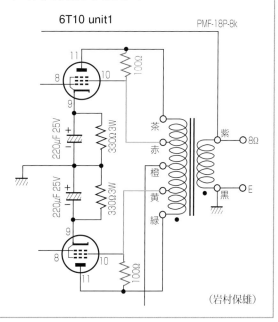

6T10 unit1　　　　　　　　　　PMF-18P-8k

（岩村保雄）

2020年4月発表

製作が容易なアルテック型小出力アンプ

19AQ5 UL接続
プッシュプルパワーアンプ

岩村保雄

19AQ5は6AQ5のヒーター電圧を18.9Vとした真空管で，珍しいヒーター電圧の規格なので，なじみが少ない．しかし6AQ5はMT管タイプの6V6GTなので，19AQ5を使用したパワーアンプの音が悪いわけがないだろうと考え，19AQ5を使って，作りやすくて見栄えの良い小出力アンプを製作した．回路はアルテック型で，初段には12AU7を使用．シナ合板で作ったウッドパネルに加えて，電源部にパンチングメタルとシナ合板で作ったカバーをかぶせて高級感のあるデザインとした．最大出力は約2W，周波数特性は10Hz〜55kHz（−1dB），*DF*は2.4を得た．

ヒーター規格違い
管を活用

19AQ5は，**6AQ5**のヒーター電圧6.3Vを3倍にした18.9Vで動作するトランスレス機器用の真空管と考えられます．実際，18.9Vを6倍（6本直列）すると，ほぼアメリカの商用AC電源の電圧115Vとなります．

本機は当初，トランスレスでの製作を考えていました．トランスレスにすると商用AC100Vがアンプのアースラインにつながるので，感電のリスクを避けるために絶縁用の100V-100Vという電源トランスを入れる予定でした．

ところが，絶縁トランスが思いのほか大きいこと，また高価なことから断念せざるを得ませんでした．結局，ヒーター用に12.6Vと6.3Vの巻線を持つ電源トランスを特注することで，小型，安価とすることができました．このトランスはゼネラルトランス販売で購入することができます（受注生産）．**19AQ5**にこだわらず，**6AQ5**あるいはその高信頼管**6005**でもわずかな変更で製作が可能であることをはじめに記しておきます．

本機の回路は，**6AQ5**系の真空管が高感度であることを考慮して，初段に**12AU7**を使ったアルテック

実体配線図

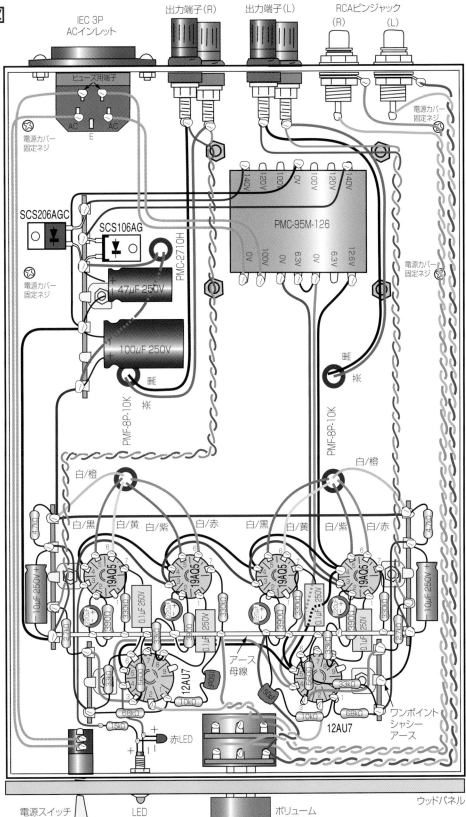

左右の立てラグ板の間にアース母線を張って部品を取り付ける。シャシーアースは，右下の1L2Pラグ板のL端子のところで落としている

タイプを採用しています．必要な特性を満足させるためには迷うことなくNFBを使います．本機では，特性の改善にUL接続という局部NFBとオーバーオールNFBを組み合わせています．

6AQ5系ではB電圧を250Vにすると，ビーム管接続のAB級プッシュプルならば最大10W，シングルでも4.5Wが得られます．ただし，250VのB電圧は定格の上限ギリギリです．安全を見込んでB電圧を180Vとすると，AB級プッシュプルでの最大出力は4W程度になります．しかし，この19AQ5プッシュプルアンプは，小型小出力のものと考えているので，B電圧はさらに低く150V，電流も22mA/1本とし，最大出力は2Wあればよしと割り切っています．

回路の設計

本機の回路構成は，前述のようにアルテック型とします．出力段を3極管接続とすると最大出力が小さすぎるので，小型アンプといっても，2W程度の出力が欲しいところです．そうすると，ビーム管接続あるいはUL接続を選ぶこと

になります．

ビーム管接続，UL接続では，必然的に出力インピーダンスが大きくなり，ダンピングファクターDFが不足することになります．そこでNFBが必要になるのですが，ここでは出力段を局部帰還であるUL接続とし，多少なりともオーバーオールNFB量を減らそうと考えました．

19AQ5（6AQ5）をUL接続で使うときの動作例は，メーカー提供のデータシートに載っていません．6AQ5はGT管の6V6GTをMT管とした真空管なので，電気的には同等です．そこで，『MJ無線と実験』誌の2019年12月号掲載の「6V6GT UL接続プッシュプルアンプ」に筆者が記載した6V6GTの3極管接続と，それを基に計算した43%UL接続のプレート特性を図1に示します．ここから，3極管接続時にはμ=9.5，r_p=1.97kΩ，UL接続時にはμ=22，r_p=5.26kΩであることがわかります．

19AQ5のUL接続は，図1のUL接続した6V6GTプレート特性と近似的に同一と考えて動作点を決めることにしました．電源回路の制約からプレート電圧150V，プレ

ート電流22mAとし，図1に負荷線10kΩ/4=2.5kΩ（巻線の半分なのでインピーダンスは1/4）を書き込みます．図よりプレート電圧は信号により150～25Vまで変化するので，プッシュプルではプレートの最大振幅電圧は88.4V$_{rms}$です．したがって，理想的には最大出力88.4V×88.4V÷2.5kΩ≒3.13Wが得られるはずですが，実際には出力トランスでの損失などがあるので，2W前後になってしまうと考えています．

このとき，UL接続は交流信号のみの局部NFBなので，グリッドバイアス電圧の決定は静的な直流での動作のみを考えればよく，つまりUL接続は直流的には3極管接続と同一なので，図1の動作点の「3極管接続でのグリッド電圧」を読み取ると−8.0Vとなります．自己バイアスでのカソード抵抗R_kは8.0V÷22mA≒364Ω（実際の回路では390Ω）となります．

表1の動作例では，ビーム管接続のAB$_1$級プッシュプルの負荷インピーダンスは10kΩppとなっています．前述の6V6GT UL接続プッシュプルアンプでの最適負荷は12kΩppでしたが，本機とは動作点と負帰還量が違うので，改めてアンプ完成後に負荷抵抗を4～20Ωまで変化させた最適負荷特性を図2に示します．ここから負荷12Ωのときに最大出力2.1W（歪率4%）が得られ，最適負荷は15kΩppとの結果が得られました．

アルテック型の電圧増幅は，すべての利得を初段が受け持っています．グリッド電圧がマイナスという条件では，プッシュプル段グリッドの最大入力信号電圧は8V÷$\sqrt{2}$≒5.66V$_{rms}$です．したがって，アンプの最大入力電圧を0.6V$_{rms}$とすると，初段の利得Gは

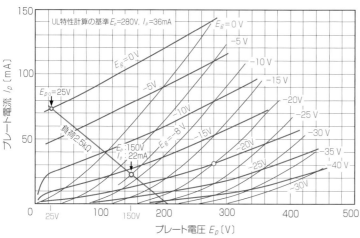

[図1] 6AQ5（19AQ5）に相当するGT管6V6GTの3極管接続（赤）と43%UL接続（青）のプレート特性に負荷線（2.5kΩ）を書き込む．（3極管接続時：μ=9.5，r_p=1.97kΩ，UL接続時：μ=22，r_p=5.26kΩ）

シャシー内部の配置

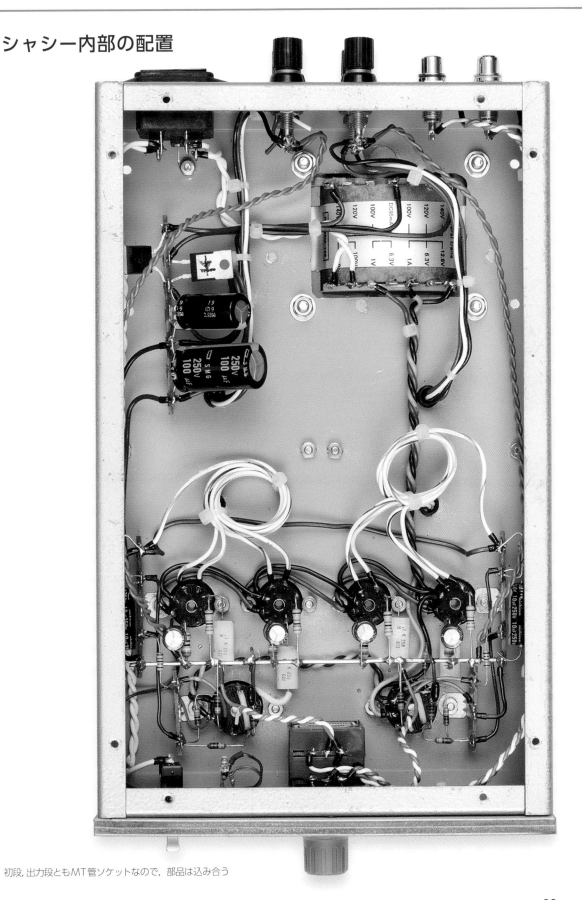

初段，出力段ともMT管ソケットなので，部品は込み合う

[表1] 19AQ5/12AU7の諸特性と動作例

真空管			19AQ5 (6AQ5)		12AU7 (並列)
ヒーター電圧	E_h	〔V〕	18.9 (6.3)		12.6 (6.3)
ヒーター電流	I_h	〔A〕	0.15 (0.45)		0.15 (0.3)
最大定格			A級増幅		
プレート電圧	E_p	〔V〕	250		300
プレート損失	P_p	〔W〕	12		2.75
カソード電流	I_k	〔mA〕			20
スクリーングリッド電圧	E_{g2}	〔V〕	250		—
スクリーングリッド損失	P_{g2}	〔W〕	2		—
ヒーター・カソード電圧	$E_{h\text{-}k}$	〔V〕	DC＋AC200 (DC90)		±180
動作例			A級	AB₁級プッシュプル	A級
増幅率	μ				17
プレート抵抗	r_p	〔kΩ〕	58		7.7
相互コンダクタンス	g_m	〔mS〕	3.7		2.2
プレート電圧	E_p	〔V〕	180	250	250
プレート電流	I_p	〔mA〕	29	70	10.5
スクリーングリッド電圧	E_{g2}	〔V〕	180	250	—
スクリーングリッド電流	I_{g2}	〔mA〕	3	5	—
コントロールグリッド電圧	E_{g1}	〔V〕	−8.5	−15	−8.5
負荷抵抗	$R_{Lp\text{-}p}$	〔kΩ〕	5.5	10	—
最大出力	P_{omax}	〔W〕	2（歪率5%）	10（歪率5%）	—
データの出典			RCA (GE)		フィリップス

ままで容量負荷とすると盛大に発振してしまいます．安定な動作をさせるには位相補償の対策が必要で，結局，初段プレートから150pF＋10kΩでアースに落とすことで発振を止めることができました．

最終的に決定した回路図を**図3**に示します．

使用部品

出力管**19AQ5**は，英国ブライマー製（**写真1**）のものを使っています．管内は全面的にカーボンスートされて，小さいながらも精悍な感じがします．もちろん，一般的な**6AQ5**やその高信頼管の**6005**も差し替えて使うことができます．ただし，ヒーター電圧が異なるので，電源トランスをカタログ一般品のPMC-95Mとして，出力管用には6.3V/2Aの巻線を，**12AU7**のヒーターを6.3V点火として6.3V/1Aの巻線を使ってください．

なお，本機に使用したPMC-95M-126でも，ヒーター巻線の使い方を工夫すれば，**6AQ5**を問題なく使うことができます．

電圧増幅段は**12AU7**を使っています．ここは類似管がたくさんあるので差し替えて気に入ったものを使ってください．

5.66V÷0.6V≒9.4倍ですみます．多少の負帰還をかけるとしても，初段管はμ＝17の**12AU7**でよいことになります．

電流帰還で歪みを小さくするために，初段カソード抵抗のバイパスコンデンサーを省くことにしました．そのため，上記の目論見よりさらに利得が小さくなり，負帰還をかけたことも重なって，アンプとしての電圧感度が低くなってしまいました．

UL接続時のプレート抵抗は5.26kΩなので，これを出力トランスの巻線比で2次側に換算し，1次側，2次側のDCR（直流抵抗）を加えると，出力端での内部抵抗は18.23Ωとなります．これは*DF*に換算すると約0.44となります．これでは*DF*がまったく足りないので，オーバーオールNFBの助けを借りて2～3にしなければなりません．

そこで，アンプの*DF*が2.5前後になるようにオーバーオールNFBの帰還抵抗R_fを設定しました．そのときのNFB量は6.5dBで，R_fは2.7kΩでした．ところが，この

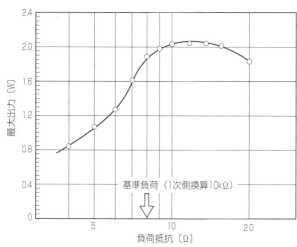

[図2] 本機の最適負荷特性

[写真1] 使用した真空管．左が12AU7（東芝），右が19AQ5（ブライマー）

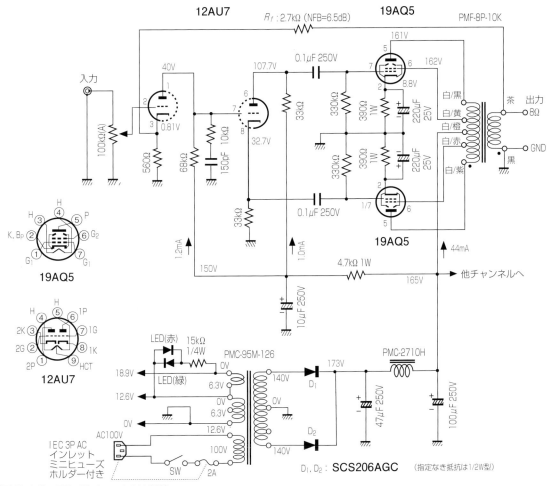

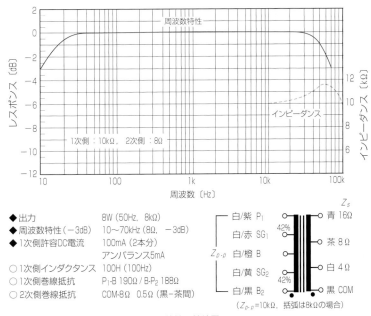

[図3] 本機の回路（片チャンネルは省略）

出力トランスは，ゼネラルトランス販売の小型プッシュプル用 PMF-8P-10K を使います．この出力トランスの特性と接続図を**図4**に示します．1次側巻線はインピーダンス10kΩppでUL接続端子付き，2次側巻線は4，8，16Ωで一般的なスピーカーインピーダンスに対応しています．

電源トランスは，B電圧用巻線として140V前後で90mA，ヒーター用巻線として12.6Vと18.9Vが欲しいのですが適当な製品が見当たりません．特注すると高価になるので，要求に近い市販品を一部変更してもらうことにし，ゼネラルトランス販売のPMC-95Mのヒーター用巻線を6.3V/2A，6.3

◆出力　8W（50Hz，8kΩ）
◆周波数特性（−3dB）　10〜70kHz（8Ω，−3dB）
◆1次側許容DC電流　100mA（2本分）
　　　　　　　　　　アンバランス5mA
○1次側インダクタンス　100H（100Hz）
○1次側巻線抵抗　P₁-B 190Ω / B-P₂ 188Ω
○2次側巻線抵抗　COM-8Ω　0.5Ω（黒−茶間）

[図4] 出力トランス PMF-8P-10K の特性と接続図

101

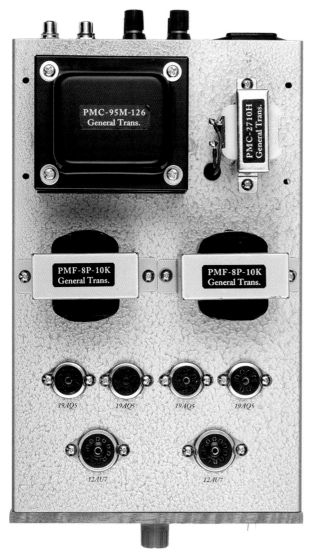

[写真2] 縦長に使ったシャシー天板上の部品の配置

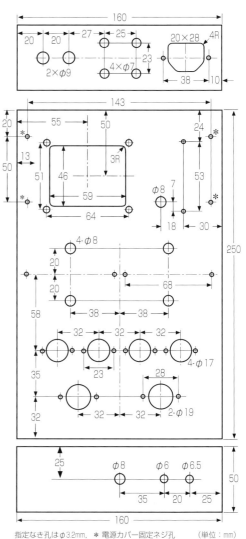

指定なき孔は φ3.2mm，＊電源カバー固定ネジ孔 （単位：mm）

[図5] シャシー加工図（奥澤 ○-46）

[写真3] 丸孔をあけたウッドパネルと電源スイッチ，LED，ボリュームの取り付けのようす

[写真4] 本機のリアパネル．小型アンプなので，ACインレットをヒューズ内蔵型にすることでスペースを節約している

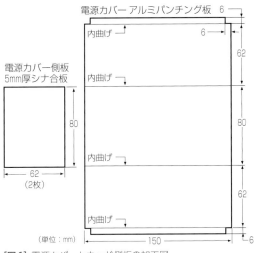

[図6] 電源カバーとウッド側板の加工図

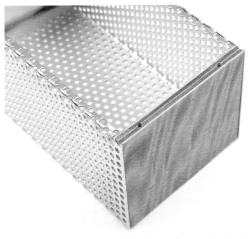

[写真5] 左右サイドにシナ合板を配したパンチングメタル電源カバー

V/1Aから12.6V/1A, 6.3V/1Aに変更依頼しました．結果として，PMC-95M-126の型番で特注品として製作していただきました．12.6V巻線を**12AU7**のヒーターに，**19AQ5**用の18.9Vは12.6V巻線と6.3V巻線を直列にして使います．ヒーター電流は**19AQ5**が0.15A×4で0.6A，**12AX7**が0.15A×2なので，両巻線ともに電流1Aで不足はありません．

　B電源は，シリコンカーバイド（SiC）ショットキーバリアダイオード**SCS206AGC**を使って両波整流しています．平滑回路のチョークコイルはゼネラルトランス販売のPMC-2710H（2.7H/100mA，DCR＝85Ω）を使い，平滑用コンデンサーは入口側を47μF，出口側を100μFとしています（250V耐圧の日本ケミコンKMG）．また，信号が通過するカップリングコンデンサーは日立AICのMTBシリーズ0.1μF/250Vを使っています．

　シャシーは，奥澤の孔なしO-46（250×160×H50mm，アルミ1.5mm厚）を使います．このシャシーはスポット溶接で組み立てた弁当箱スタイルなので，側面に合わせ目の隙間があります．

　そこで**写真2**のように，シャシーを縦方向で使い，前面にパネルを付けることで隙間を隠すだけでなく，ちょっと高級な印象を狙いました．ここではウッドパネル（**写真3**）を取り付けましたが，梨地のアルミ板をフロントパネルとするのも良いでしょう．

　シャシーは，**図5**に示した加工図に従って孔あけ加工をしてから，シルバーのハンマートーン塗装をしました．

　リアパネルの端子の配置を**写真4**に示します．

　電源部のカバーは，パンチングメタルとシナ合板を接着剤（ボンド：ウルトラ多用途SUクリヤー）と4本の2.6mmタッピングビスで組み立てています（**図6**，**写真5**）．フロントパネルに加えて，シャシー後部の電源トランスとチョークコイルにカバーをかぶせることで，いっそう高級な感じのアンプとなりました．

　表2に使用したパーツを購入先を含めてまとめましたので，購入の際に参考にしてください．

製作手順

　組み立ては軽い部品から始め，重さのあるチョークコイル，電源トランス，出力トランスなどを順次取り付けます．最後に，シャシーにウッドパネルを両面テープで固定します．なお，電源スイッチとボリュームの取り付け部は取り付けナット径より大きい丸孔をあけます．LEDブラケットはパネル木部にねじ込みます（**写真3**）.

　電源平滑回路用の1L6P立てラグ板はチョークコイルの取り付けネジで共締めし，さらに1L2Pの立てラグ板2個を9ピンMTソケット，1L4Pの立てラグ板2個を7ピンMTソケットの取り付けネジで共締めします．その1L4P立てラグ板を利用して，φ2mmのスズメッキ線でアース母線を張っておきます．それらの位置は，97ページの実体配線図，99ページの写真と**写真6**，**7**を参照してください．

　配線は，AC100V関係から始めます．ACインレットは，ミニヒューズホルダー付きの製品（エコー電子，AC-PF01-HF）を使用しました．ヒューズホルダーの

[表2] パーツリスト

種　類	適　用	数量〔個〕	購入先（参考）	コ　メ　ン　ト
真空管	19AQ5	4	クラシックコンポーネンツ	ブライマーほか
	12AU7	2	クラシックコンポーネンツ	松下，EHほか
ダイオード	SiCショットキーバリア，SCS206AGC	2	秋月電子通商	650V/6A，ローム
トランス類	電源トランス，PMC-95M-126	1	ゼネラルトランス販売	受注生産
	出力トランス，PMF-8P-10K	2	ゼネラルトランス販売	
	チョークコイル，PMC-2710H	1	ゼネラルトランス販売	2.7H/100mA
コンデンサー	100μF/250V	1	海神無線	縦型電解，日本ケミコンKGM，B電源平滑
	47μF/250V	1	海神無線	縦型電解，日本ケミコンKGM，B電源平滑
	10μF/250V	2	海神無線	チューブラー型電解，ニチコンTVX，デカップリング
	220μF/25V	4	海神無線	縦型電解，日本ケミコンKMG，出力段パスコン
	0.1μF/250V	4	海神無線	フィルム型，MTB，カップリング
	150pF	2	海神無線	ディップマイカ型，位相補償
抵抗	560Ω，68kΩ 1/2W	各2	海神無線	金属皮膜型，初段カソード，プレート抵抗
	33kΩ，330kΩ 1/2W	各4	海神無線	金属皮膜型，P-K分割抵抗，出力段グリッド抵抗
	390Ω 1W	4		金属皮膜型，出力段カソード抵抗
	4.7kΩ 1W	2	海神無線	金属皮膜型，デカップリング抵抗
	2.7kΩ，10kΩ 1/2W	各2	海神無線	金属皮膜型，R_f，位相補償
	15kΩ 1/4W	1		LED用，種類不問
可変抵抗器	ボリューム 100kΩ（Aカーブ）2連ミニデテント	1	門田無線	アルプスアルパイン RK27112
真空管ソケット	MT 7ピン下付きモールド型	4	門田無線	QQQ，手に入る良品
	MT 9ピン下付きモールド型	2	門田無線	QQQ，手に入る良品
入出力端子	スピーカー端子 CP-212（赤，黒）	各2	マルツ	アムトランス
	RCAピンジャック C-60（赤，白）	各1	門田無線	トモカ電気
	IEC 3P ACインレット，AC-PF01-HF	1	門田無線	エコー電子，ミニヒューズ内蔵型
そのほか	シャシー，奥澤 O-46	1	ゼネラルトランス販売	250×160×50Hmm
	ツマミ（サトーパーツ K-4071）	1	門田無線	ボリューム用（好みのもの）
	小型トグルスイッチ（単極双投，ON-ON）	1	門田無線	フジソク，8A-1011
	緑色LEDインジケーター（CTL-601）	1		孔径φ6.2mmのもの
	赤色LED φ3mm	1		緑色インジケーター LED保護
	立てラグ板 1L6P	1		サトーパーツ，L-590，電源回路
	立てラグ板 1L4P	2		サトーパーツ，L-590，デカップリング
	立てラグ板 1L2P	2		サトーパーツ，L-590，電圧増幅段
	アルミパンチング板 1mm厚	1		150×216mm
	シナ合板 5mm厚	適宜		本文参照
	突き板（好みの銘木）	適宜		本文参照
	プラスチックブッシング φ8mm	5	西川電子部品	チョークコイル，出力トランス用
	スズメッキ線 φ2mm	0.5m		
	配線材 #20，5色	各2m		
	結束バンド（8cm）	適宜	西川電子部品	インシュロックタイ
	ゴム脚（φ23mm）	4	西川電子部品	
	ビス・ナット M3×10mm	適宜	西川電子部品	
	タッピングビス φ2.6×8mm	適宜	西川電子部品	

端子は，AC100V用端子の3Pの上側の2つの端子（実体配線図, **写真8**参照）です.

引き続きヒーターの配線をします. ヒーター配線はPMC-95M-126の12.6V巻線と6.3V巻線を直列につなぎ，0～12.6Vを**12AU7**のヒーターに，0～18.9Vを**19AQ5**のヒーターにつなぎます.

チョークコイルに共締めした1L6P立てラグ板にSiCショットキーバリアダイオードと平滑回路の電解コンデンサー（47μFと100μF/250V）をハンダ付けします

（**写真9**）.

電圧増幅段のデカップリング回路は1L4Pの立てラグ板を使い，初段と位相反転段は1L2Pの立てラグ板とアース母線を使って，抵抗やコンデンサーを取り付けます. RCA入力ピンジャックからボリュームまでと，そのあとの初段グリッドまでは配線材を撚って配線します. シャシーへの接地は1L2P立てラグ板のL端子のところにアース配線をつなぎます（**写真6**を参照）.

製作したパンチング板の電源カ

バーは，シャシーに取り付け用のφ3mmの孔をあけ，シャシー内側からφ2.6×8mmのタッピングビスでカバーの側板に下孔をあけてネジ込みます.

配線が終わったらゆっくりと確認します. 間違いがなければ真空管を差して電源を入れ，回路図に記載してある各部電圧をテスターの直流レンジで測定します. 各ポイントの電圧が10％以内に収まっていれば完成です. どんな音が出るのか，お好きな曲でお楽しみください.

[写真6] 初段電圧増幅と出力段の配線. 左上の1L2P立てラグ板のL端子でシャシーアースしている

[写真7] 前段12AU7ソケット周辺は部品が込み入るが, 出力段19AQ5のソケットにはほとんど部品がない. 手順としては前段から出力段とすると作業しやすい

[写真8] 電源部とACインレット, 入出力端子まわりのようす. ACライン, ヒーター, 入力, 出力の配線は配線材を撚っている

測 定

19AQ5の動作はプレート電圧152V (161V−9V), プレート電流22mAなので, プレート損失+スクリーングリッド損失は約3.3Wです. これは定格プレート損失12Wのわずか27.5%でしかなく, ほんとうに軽い動作です.

両チャンネルの残留ハムは, 入力ボリュームを絞り切った状態で0.08mVでした.

本機の入出力特性を**図7**に示します. 電圧感度がいくぶん低めですが, 入力電圧1.5Vで1.9Wの最大出力 (歪率4%) が得られています.

出力1/4Wでの周波数特性を**図8**に示します. 帯域幅 (−1dB) は, 10Hz以下〜55kHzなので十分広帯域です. ただし, 出力トランスの巻線構造に由来すると思われるピークが170kHz付近にあります. 前述のように, NFBをかけた際に容量負荷では発振してしまい, 収めるのに手がかかりましたが, その原因はこのピークと考えています.

ダンピングファクター*DF*をON-OFF法により測定しました (**図9**). *DF*は20Hz〜10kHzの中域周波数で2.4です. 実際, 小出力の真空管アンプでは*DF*を小さめにしておいたほうが, 音楽を聴くという点では適しているようです. 本機のような小出力のアンプでは, *DF*を大きくしても力のなさが目立つだけで, ほとんどメリットはありません (この点, ヘッドフォンアンプとは違います).

1kHzの歪率特性 (400Hzのローカットフィルターと80kHzのハイカットフィルターを使用) を測りました (**図10**). UL接続という局部NFBに加えて, 少量 (6.5dB) のオーバーオールNFBをかけているので, 1.5Wまでは歪率が比較的低めに抑えられてい

ますが，それ以上では急に悪化してしまいます．

方形波応答波形

抵抗負荷8Ωのときの100Hz，1kHz，10kHzの方形波応答波形を**図11**に，容量性負荷（8Ω//0.1μF）と容量負荷（0.1μFのみ）のときの10kHzの方形波応答波形を**図12**に示します．

容量負荷0.1μFのときに限って大きなリンギングが発生しますが，補償が適切に施されているのですぐに収束し，不安定な動作の心配はありません．

試聴とまとめ

サイズも出力も小さなパワーアンプ（**写真10**）で，どのくらい音楽を鳴らすことができるのか，自分でも心配しながら次から次へとCDを聴いてみました．音の印象は，誇張やハッタリのない，誠実にCDの情報を聴かせてくれるというものです．

[**写真9**] B電源のSiCショットキーバリアダイオードと平滑電解コンデンサーは1L6P立てラグ板に取り付ける

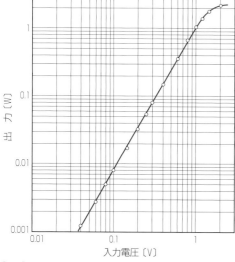

[**図7**] 入出力特性（8Ω出力，1kHz）

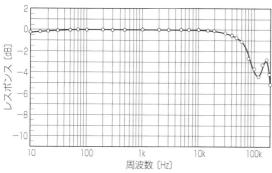

[**図8**] 周波数特性（0dB = 1/4W）

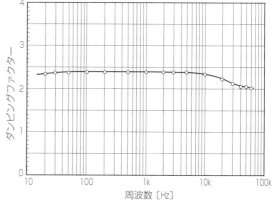

[**図9**] ダンピングファクター

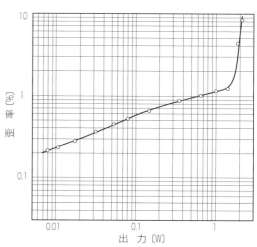

[**図10**] 歪率特性（1kHz）

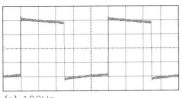

(a) 100Hz

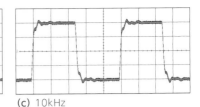

(b) 1kHz

(c) 10kHz

[**図11**] 8Ω 純抵抗負荷における方形波応答波形（1V/div）

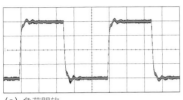

(a) 負荷開放

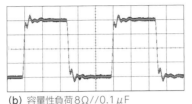

(b) 容量性負荷8Ω//0.1μF

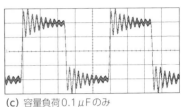

(c) 容量負荷0.1μFのみ

[**図12**] 負荷開放ならびに容量負荷としたときの10kHz方形波応答波形（1V/div）

6V6系の真空管の音の性格よりも，むしろ出力トランスの性格が大きいと感じています．本機で使ったプッシュプル用出力トランスPMF-8P-10Kは，見かけは安っぽい感じなのですが，出力トランスとしての内容は立派なものと感じました．特性には高域のピークがありますが，あらかじめわかっていれば対処可能ですし，ピークも出力トランスの性格決定の要因でしょう．

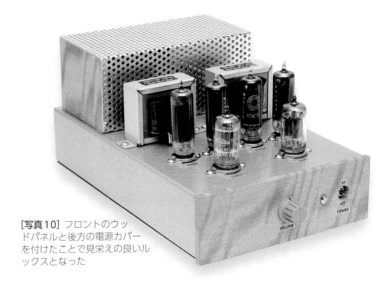

[**写真10**] フロントのウッドパネルと後方の電源カバーを付けたことで見栄えの良いルックスとなった

AND MORE !!

まずは作って音を楽しむ

本機は音を含めた特性だけでなく外観も重視していることは，本稿の内容からよくわかると思います．本稿を参考にして製作するに当たって躊躇させるのは手間がかかるトランス類のカバーとフロントパネルだと思います．自分用ならそれらの装飾は後回しにして，まずアンプを製作してその音を楽しんでください．あとからフロントパネルとして2～3mm厚のヘアラインアルミパネル板を取り付けるだけでもかなりの外観となります．

小型で製作が簡単といった目標を持って計画したパワーアンプですが，すべての真空管をMT管としたので初段/位相反転段の配線が込み入ってしまいました．細かい配線作業が苦手な方のためには，抵抗やコンデンサーを大きな平ラグ板に載せたほうが良かったのではないかと考えています．

19AQ5は一般的なヒーター電圧6.3Vの6AQ5，6005に置き換えることができます．その際には，ヒーター回路の配線は19AQ5よりもシンプルなので変更は簡単です．

さらに出力がほしいときには，B電圧を250V，プレート電流を40mAに増やすと出力は4Wに倍増します．本機は控えめな設計としたので，電源の部品はそれに合わせて選んでいます．そのため，パワーアップするには電源トランスをPMC-190M，チョークコイルをPMC-2325Hに交換しなければなりません．トランス類は多少大きくなるのでシャシー上の再配置が必要です．

電圧感度が低すぎると感じるときは，初段の電流帰還を止めればアンプの電圧感度を上げることができますが，DFが変わってしまうので，NFB抵抗を変更する必要があります．

（岩村保雄）

2021年5月発表

32A8 プッシュプル
全段直結パワーアンプ

征矢　進

オールドファンにはおなじみのテレビ用垂直発振増幅3極5極管6BM8．本機は6BM8系の1つ32A8を使ったプッシュプルパワーアンプで，初段は12AU7によるカソードフォロワー，また32A8の3極部で電圧増幅段と交差型位相反転段を，5極部で5極管接続の出力段を構成している．カソードNFBとオーバーオールNFBを併用して出力6Wを得た．色付けが少ない几帳面な音が印象的だ．

バリエーション豊かな 6BM8系真空管

テレビの垂直発振増幅用として欧州で開発された3極5極の複合管**6BM8**（欧州名**ECL82**）は，オーディオアンプに使用しても優れた能力があることが評価され，さかんに採用された時期がありました．

ただし，モジュラーステレオやラジオの音声出力に使用されたためか，また初心者が最初にトライする出力管としての認識が持たれているためか，現在では高く評価されていないことが残念です．

しかし，**6BM8**系列のトランスレス管には，ヒーター電圧の異なる同等管がいくつも存在し，使いやすい真空管であることが証明されています．本機は，ヒーター電流が150mAシリーズの**32A8**を使用した，全段直結プッシュプルアンプです．

使用真空管

使用した真空管の定格と動作例を**表1**に示します．

32A8は150mAシリーズ用のトランスレス管で，ヒーター規格はE_h=32V，I_h=0.15A，また

ヒーターウォームアップ時間は11秒に統一されています．

なお，**6BM8**系列の真空管のヒーター電力は，すべて4.8～5W内に統一されています．これは，最大定格を満足させるために要求されるエミッションを確保する必要があり，それに見合ったヒーター電力が必要になるからです．

ただし，データブックにより多少異なりますが，**6BM8**以外の真空管はE_pの最大値が250Vとなっていて，**6BM8**より50V低くなっています．これは，本来の用途であるテレビの垂直発振増幅用とし

実体配線図

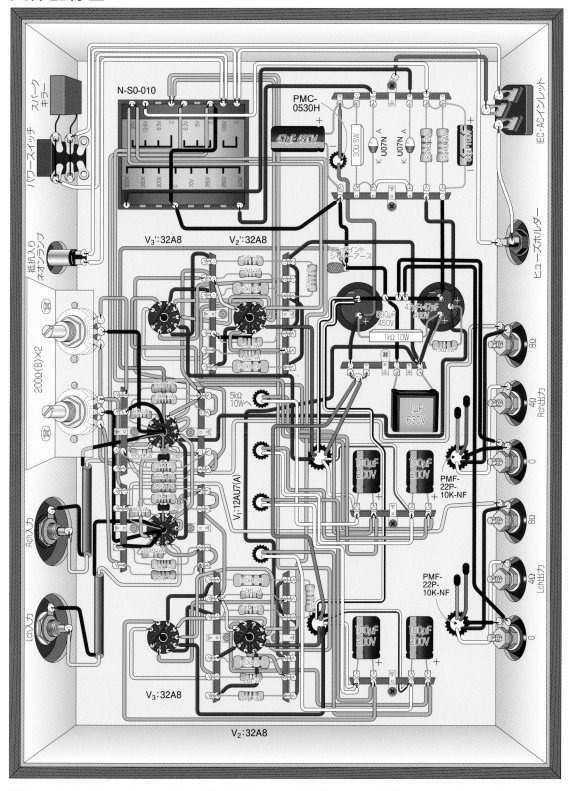

抵抗とコンデンサーは1L6Pと1L4Pの立てラグ板に取り付けている．真空管まわりは，真空管ソケットを固定するネジに10mmのスペーサーを共締めして，そこに立てラグ板を取り付ける．立てラグ板とソケットの配線を先にすませてから抵抗やコンデンサーを取り付けていくようにすると間違いを少なくできるほか，パーツの交換なども楽に行える（部品の配置は実機と異なる箇所がある）

て，欧州の電源事情を考慮して開発されたからだと考えます．

単一電源での全段直結回路では，必然的に出力管のカソード電圧が高くなります．**32A8**のE_{h-k}は200Vで，**6BM8**の100Vより高くなっています．これは，トランスレスの機器ではヒーターを直列にして使用するためにE_{h-k}が問題となることへの対策ですが，単一電源での全段直結回路では回路構成上E_kが高くなるので，好都合だといえます．

表2に**6BM8**の同等管を，また**図1**に本機と同じ電源トランスを使用したときのヒーター点火方法を示すので，追試の際の参考にしてください．要は，**6BM8**系列の真空管であれば，ヒーター電圧を合わせることで，E_p=250V以下での使用を条件に，どれを使用しても問題なく使えるということです．手持ち品があれば，それを使用すればよいでしょう．

[表1] 本機に使用した真空管の定格と動作例

型　番	32A8		12AU7（A）
用　途	垂直発振増幅3極5極管		中μ双3極管
E_h〔V〕×I_h〔A〕	32×0.15		12.6×0.15 6.3×0.3
	3極部	5極部	両ユニットとも同じ
最大定格			
E_p　〔V〕	250	250	300
E_{g2}　〔V〕		250	
P_p　〔W〕	1	7（低周波）	2.75
P_{g2}　〔W〕		2	
I_k　〔mA〕	15	50	20
E_{h-k}　〔V〕	200		±200
動　作　例			
E_p　〔V〕	100	200	250
E_{g2}　〔V〕		200	
E_{g1}　〔V〕		−16	−8.5
I_p　〔mA〕	3.5	35	10.5
I_{g2}　〔mA〕		7	
g_m　〔mS〕	2.5	6.4	2.2
r_p　〔kΩ〕		20	7.7
$μ$	70		17

※12AU7Aは12AU7の改良型．本機ではどちらも使用できる

[表2] 6BM8系真空管の特性

型　番	E_h〔V〕	I_h〔A〕	E_{h-k}〔V〕	P_h〔W〕	$E_{p(P)}$〔V〕	E_{g2}〔V〕	$E_{p(T)}$〔V〕
6BM8	6.3	0.78	100	4.914	300	300	300
8B8	8.2	0.6	200	4.92	250	250	
11BM8	10.7	0.45	200	4.815			
16A8	16.3	0.3	200	4.89	250	250	250
32A8	32	0.15	200	4.8	250	250	250
50BM8	50	0.1	200	5			

※ 『RCA受信管マニュアル』には，6BM8と50BM8の5極部の$E_{p\,max}$は600Vとある

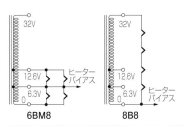
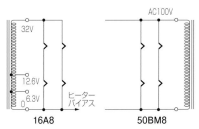
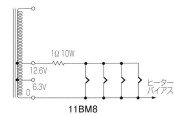

[図1] 6BM8系の各真空管のヒーター結線

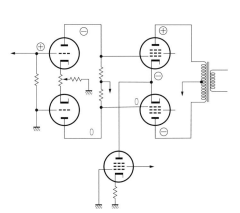

（a）出力管で差動増幅して位相反転と電力増幅を行う

[図2] 電圧増幅段のE_pを揃える方法

交差型位相反転回路は，グリッド接地型（同相）と，カソード接地型（逆相）の特性を生かした，よく考えられた位相反転回路．V_1に入力された信号は，カソードから出力される．V_2はV_1との直流バランスをとるためと，グリッドをアースすることで，カソードに信号が発生しないようにしている．V_3はグリッドがV_2のカソードに，またカソードはV_1のカソードに接続されているので，信号はカソードのみに入力されることから，グリッド接地型増幅回路を構成している．V_4はカソードがV_2のカソードに，グリッドはV_1のカソードに接続されているので，信号はグリッドのみに入力されることから，カソード接地型増幅回路を構成している

（b）交差型位相反転回路

シャシー内部の配置

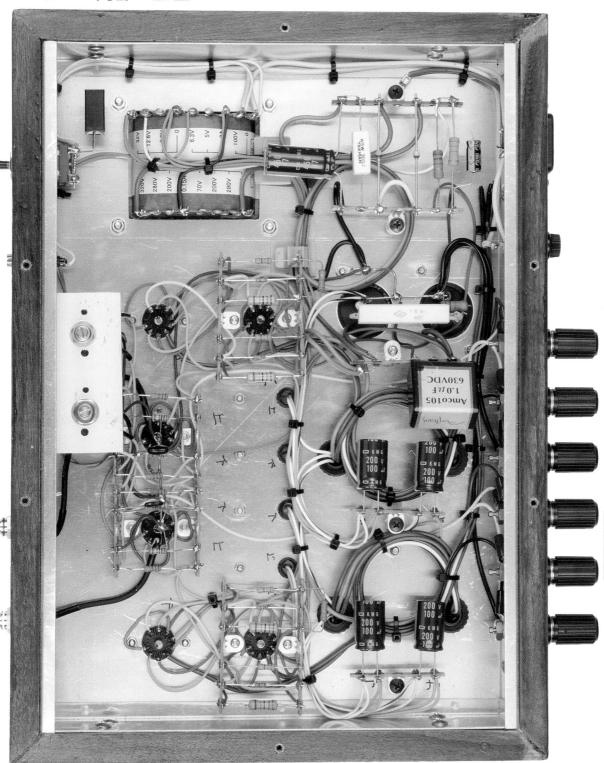

本機のシャシー内部. 抵抗とコンデンサーの点数が少ないのが直結アンプの特徴の1つであるが, プッシュプルでは配線の引き回しに苦労する. シャシー内部には余裕があり, スペースが広く取れるため, トランス類のリード線は切り詰めずにループを作って収納し, 別のアンプに転用したい場合に再利用しやすくしているが, 転用しない場合は最短配線とすればベスト. シャシー内部のパーツで最も発熱するのは2本のセメント抵抗であるが, シャシー内部が広いためか, シャシー内の温度上昇はとても小さくてすんでいる

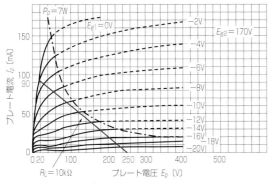

$P_p = 7W$, $E_{g1} = 0V$, $E_{g2} = 170V$

$R_L = 10k\Omega$　プレート電圧 E_p〔V〕

縦軸：プレート電流 I_p〔mA〕

$E_p = 250V$, $E_{g2} = 170V$, $R_L = 10k\Omega$ のとき, AB級動作を行うと,

$$P_o = \frac{(E_{p\,max} - E_{p\,min}) \times I_{p\,max}}{2}$$

$$= \frac{(250 - 20) \times 0.09}{2} = 10.35 〔W〕$$

したがって, 10.35〔W〕を出力トランスの1次側で得る. 出力トランスの伝送効率を85%とすると, 約8.8〔W〕の出力を2次側で得る.
ところが本機は全段直結A級プッシュプルで設計しているので, I_p の増加により E_k が上がり, E_p-E_k 間の電圧が下がって, 出力は減少することになる

[図3] 6BM8の5極部の E_p-I_p 特性

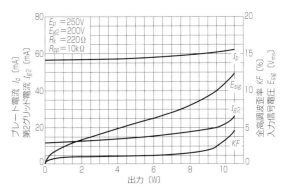

$E_p = 250V$
$E_{g2} = 200V$
$R_k = 220\Omega$
$R_{pp} = 10k\Omega$

この図はAB級のため I_{g2} が大きく変化する. $I_p + I_{g2} = I_k$ となるため, 本機のように E_k を上げて使用すると（5kΩのカソード抵抗でかさ上げしている）, 実質的な E_p が低下し, それに伴って出力も低下する. これを解決するには, E_{g2} の安定化と R_L を大きくすることが必要

[図4] 6BM8の5極部の諸特性（AB級動作）

初段の **12AU7** については, 説明の必要はないでしょう.

回路設計

本機は全段直結プッシュプルアンプなので, 位相反転回路のプレートと出力管のグリッドを互いに結合させなければなりません. したがって, DCバランスを取るために, 電圧増幅段の E_p を等しくする必要があります.

その方法は, **図2**に示す2通りの方法に限られるでしょう. 本機では, 出力部は出力が大きくとれる5極管接続としますが, カソードNFBをかけて事前に特性を改善してから, 軽くオーバーオールのNFBをかけることにします. したがって, カソードを共通にすることでプッシュプル動作となる差動増幅回路はゲインが半分になるために感度が不足するので採用できず, 必然的に交差型位相反転回路を採用せざるを得ません.

32A8の動作

（1）5極部（電力増幅部）

32A8 と **6BM8** は, $E_p = 250V$ 以

[表3] 6BM8のプッシュプルAB₁級増幅の動作例（『ナショナル真空管ハンドブック』より）

プレート供給電圧	〔V〕	200		250	
第2グリッド供給電圧	〔V〕	200		200	
カソード抵抗（両カソードに共通）	〔Ω〕	170		220	
負荷抵抗（両プレート間）	〔kΩ〕	4.5		10	
入力信号電圧	〔V_rms〕	0	14.2	0	12.5
プレート電流	〔mA〕	2×35	2×42.5	2×28	2×31
第2グリッド電流	〔mA〕	2×8	2×16.5	2×5.8	2×13
出力	〔W〕	0	9.3	0	10.5
全高調波歪率	〔%〕	−	6.3	−	4.8

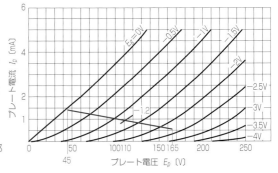

$E_p = 110V$, $I_p = 1mA$, $E_k = 1.2V$ に動作点を置いて150kΩの負荷を与えると, 165〜45Vを変動する. バイアスは−1.2V. したがって増幅度は,

$$\frac{120}{1.2 \times 2} = 50 〔倍〕 となる$$

[図5] 6BM8の3極部の E_p-I_p 特性

下では同特性なので, ここでは **6BM8** の E_p-I_p 特性図を用いて説明します.

図3は, E_p-I_p 特性図に $E_p = 250V$ として, 10kΩの負荷線を引いたものです. また**図4**はそのときの I_p および I_{g2} の変化を示したものです. 詳しい計算は**図3**の中に示しますが, 出力トランスの1次側で10.35Wの出力を得ることができます.

本機で使用した出力トランスは

小型のものなので, 伝送効率は多少低くなりそうです. 仮に85%とすると, 2次側では約8.8Wの出力を得ることができると予測できます.

しかしながら, これはAB級での出力です. 本機では, カソードのかさ上げ用抵抗がブレーキの役目を果たすことになり, ほぼA級の範囲での動作となるはずです.

また, **図4**において I_p の増加は緩やかですが, I_{g2} は2倍程度も

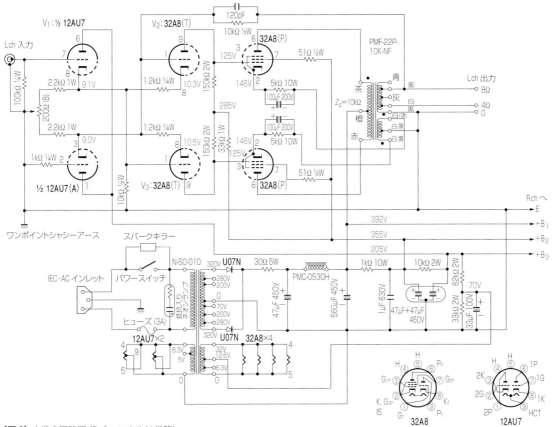

[図6] 本機の回路図 (Rチャンネルは省略)

増加してしまいます．これは，抵抗でドロップしたE_{g2}の電圧低下にもつながります．さらに，I_kが増加するとE_kも上昇します．すると**32A8**の実質E_pは低下するので，出力が低下することになります．

以上の2点から本機の最大出力は，出力トランスの2次側で6W前後となることが予測できます．

参考までに，『ナショナル真空管ハンドブック』に掲載されていた**6BM8**のAB級動作例を**表3**に示します．

（2）3極部（電圧増幅部）

3極部のE_p-I_p特性図を**図5**に示します．E_p=110V，I_p=1mAに動作点をおき，150kΩの負荷を与えると，120V$_{P-P}$の出力を得ることができ，また増幅度は50倍あるので，カソードNFBと若干の

オーバーオールNFBもかけることができると思います．ただし，位相歪みを考慮して，バイアス抵抗にバイパスコンデンサーを入れないため，電流帰還がかかるので，実質的なゲインは40倍程度まで低下することになるでしょう．

なお，前段はカソードフォロワーでインピーダンスが低いことから，E_g=0Vまで問題なくドライブできるはずなので，E_k=1.2VでもI_gに対する問題はありません．

回路の動作

（1）増幅部

さて，増幅部全体の説明です．**図6**をご覧ください．

初段は，バイアス電圧を大きくとれることから，**12AU7**を使用したカソードフォロワーで構成しています．I_pは3mA程度流し，次

段のI_kとNFB抵抗の影響を受けにくくするように配慮しています．なお，シャシーを製作する際，入力用RCA端子を取り付ける孔あけを忘れてしまい，やむを得ず入力ボリュームの位置にRCA端子を取り付けました．そのため，今回はボリュームは取り付けず，100kΩの固定抵抗としています．

電圧増幅と位相反転は**32A8**の3極部で行っていますが，ここは先述したように電流帰還がかかっても約40倍のゲインが見込めるので，多少のNFBをかけてもアンプ全体の感度はそれほど低下しないと思います．なお，どのくらいの効果があるかわかりませんが，ACバランスを多少でも改善させるため，33kΩの共通プレート抵抗を入れました．

5極部は，5極管接続で使用して

113

[表4] 主要パーツリスト

項　目	型番／定数		数量	メーカー	備　考
真空管	32A8		4	東芝	メーカー不問
	12AU7 (A)		2	松下	メーカー不問
ソケット	MT9ピン		6	QQQ	モールド型
ダイオード	U07N		2	日立	1.5kV/1A
出力トランス	PMF-22P-10K-NF		2	ゼネラルトランス販売	
電源トランス	N-S0-010		1	ゼネラルトランス販売	特注品
チョークコイル	PMC-0530H		1	ゼネラルトランス販売	
コンデンサー	560μF	450V	1	ニチコン	ラグ端子型
	47μF	450V	1	日本ケミコン	縦型電解
	47μF+47μF	450V	1	日本ケミコン	ブロック型
	100μF	200V	4	日本ケミコン	縦型電解
	33μF	100V	1	ユニコン	チューブラー型
	1μF	630V	1	アムトランス	フィルム型
	120pF		2		マイカ型
抵抗	1kΩ	10W	1	タクマン電子	セメント型
	5kΩ	10W	4		ホウロウ型
	30Ω	5W	1	タクマン電子	セメント型
	150kΩ	2W	4	イーグローバレッジ	金属皮膜型
	62kΩ	2W	2	アムトランス	酸化金属皮膜型
	33kΩ	2W	1	アムトランス	酸化金属皮膜型
	10kΩ	2W	1	アムトランス	酸化金属皮膜型
	33kΩ	1W	2	アムトランス	酸化金属皮膜型
	2.2kΩ	1W	4	アムトランス	酸化金属皮膜型
	10kΩ	1/2W	4		金属皮膜型
	51Ω	1/2W	4		酸化金属皮膜型
	100kΩ	1/4W	2		カーボン型
	1.2kΩ	1/4W	4		カーボン型（本文参照）
	1kΩ	1/4W	2		カーボン型
ボリューム	200Ω (B)		2	東京コスモス電機	直径24mmのもの
シャシー	S-3		1	リード	木製の外枠は自作
その他			適宜		

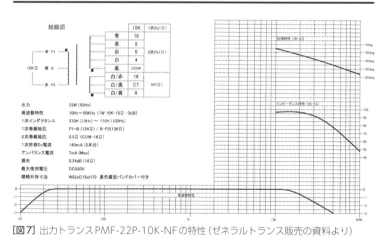

[図7] 出力トランスPMF-22P-10K-NFの特性（ゼネラルトランス販売の資料より）

[写真1] 本機に使用した真空管
左：12AU7（松下）
右：32A8（東芝）

　NFB抵抗のみでも発振はしませんが，10kHzでの方形波に若干のオーバーシュートが見られたので，NFB抵抗に120pFのコンデンサーを並列に接続して微分補正を行っています．それ以外に補正の必要はありませんでした．

（2）電源部

　いつもと同じような単純な構成となっています．電源トランスは，32Vのヒーター巻線を巻き込んだものをゼネラルトランス販売に特注しました．**6BM8**系列の真空管ならいずれも使用できるように（**図1**）配慮してあります．

　B電源は，AC320Vをダイオードで両波整流してDC400Vを得ています．

　プッシュプルアンプなのでリップルは打ち消されるため，チョークコイルは不要かもしれませんが，AC100Vからのノイズが減少することを期待して入れてあります．ダイオードの後に入っている30Ωの抵抗は，B電源電圧調整用です．

使用パーツ

　主要パーツを**表4**に示します．

　真空管はすべて日本製で，**32A8**は東芝製，**12AU7（A）**は松下製を使用しています（**写真1**）．いずれも手持ち品で，メーカーは問わな

います．E_p=250V，E_{g2}=200V，I_k=30mAで，ほぼ動作例に沿った使い方です．カソードは5kΩの抵抗で150Vほどかさ上げして，前段のプレートとは直結になっています．

　使用した出力トランスにはカソードNFB巻線があるので，カソードNFBをかけましたが，それだけではDFが1程度で物足りません．

実際に試聴しても低域の締まりが欲しく，全体のバランスが低域寄りに感じる点が不満だったので，オーバーオールNFBをかけて音質調整することにしました．

　実際には試聴しながらNFB量を変化させて確認しましたが，音質と入力感度との兼ね合いから，6.2dBが私のシステムでは最適だと判断しました．

いので，入手できるものでよいでしょう．繰り返しになりますが，**32A8**にこだわることはなく，**6BM8**系であれば同様に使えるので，手持ち品があれば，それを活用してください．

ソケットはQQQのモールド製を使用しました．ソケットは重要なパーツなので，嵌合具合の良い，しっかりした製品を使用してください．

電源トランスは，先述したようにゼネラルトランス販売に特注しました．型番（N-SO-010）を指定すれば，注文に応じてくれるそうです．

出力トランスもゼネラルトランス販売製で，容量が22Wのバンド型小型トランスです．**図7**にデータを示しますが，アンバランスが7mAも許容できるので，本機のような全段直結回路には最適だといえるでしょう．

抵抗とコンデンサーは，特殊なパーツは使用していないため，入手できるものや手持ち品を活用してください．

ダイオードは，日立の**U07N**を使用しています．1.5kV/1Aの定格で，非常に丈夫なダイオードなので，私は多用しています．

シャシーはリードの弁当箱シャシーS-3を使用し，そこに木枠を取り付けました（**写真2，3**）．天板の板厚は1.2mmで，重量のあるトランスを載せるには若干薄いと感じますが，木枠を取り付けると強度が増すとともに，見た目もオリジナリティがある仕上がりになり，満足しています．なお，このシャシーの木枠は，木工が趣味の知人に製作してもらったものです．

そのほか，アンプを製作する際に必要なパーツについては列記しませんが，各自が気に入ったもの

[**写真2**] リアパネルは左からIEC・ACインレットとヒューズホルダー，出力端子．チョークコイルは出力トランスと同じサイズなので，後ろに配置してバランスを取っている

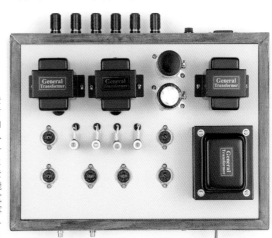

[**写真3**]
シャシー上面は余裕をもってパーツを配置する広さがある．ホウロウ抵抗は発熱がたいへん多いため，シャシー上面に取り付けることで内部での熱の滞留を防ぐ効果がある．本機と同じシャシーで追試をする場合は，この写真を参考にレイアウトを決めるとよいだろう

を使用してください．

製　作

実体配線図は，109ページです．参考にして製作してください．

先述したように，今回は弁当箱シャシーに木枠を取り付けたので，どことなく高級感が感じられます．シャシーの大きさは350×250mmで，本機にはちょうどよい大きさですが，何もこのシャシーにこだわることはなく，同じぐらいのサイズのシャシーがあれば，それを使用してください．

かさ上げ用のホウロウ抵抗は，いつもは出力トランスの脇などに配置するのですが，今回はあえて前側に配置して，直結アンプであることを強調してみました．発熱対策にもなります．

フロントパネルには入力端子と電源スイッチおよびオン表示用の抵抗入りネオンランプを左右対称に配置しました．

リアパネルにはIEC・ACインレットとヒューズホルダー，そして出力端子を取り付けています．

電源トランスとチョークコイル，ホウロウ抵抗のリード線は，貫通ブッシュを通してシャシー内部に引き込むようにしてください．

写真3は，本機を上から見たものです．実体配線図と対応しているので，製作する際は参考にしてください．なお，シャシー上面をクリーム色に塗装したところ，上品な感じの仕上がりになったと満足しています．塗装の方法については，『作って楽しむ真空管オーディオアンプ』（誠文堂新光社，2013

年）などが参考になります.

写真4は，初段（カソードフォロワー段）のようすです．ソケットのセンターピン間に太めの銅線を張り，初段まわりのアースは一括してここに落としてから，ワン

[写真4] 初段（カソードフォロワー段）まわり．200ΩのDCバランサーは，L型アングルを加工してシャシー側面に取り付け，そこに軸が手前を向くように取り付けている．立てラグ板は，ソケットを固定するネジに10mmのスペーサーを立てて取り付けている．入力端子と初段のグリッドはシールド線で結んでいる

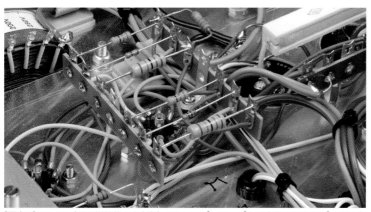

[写真5] 32A8（電圧増幅段と出力段）まわり．プッシュプルの上段と下段のパーツは上段のほうのソケットにスペーサーを使ってラグ板を取り付け，まとめている

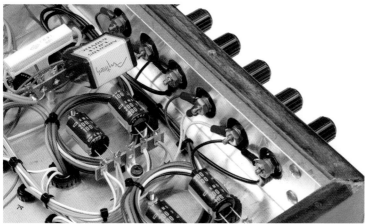

[写真6] 出力端子への接続には圧着端子を使ったが，ハンダ付けでも問題ない．今回使用した出力トランスはリード線引き出しタイプなので，リード線はあまり切り詰めずにループを作ってまとめておく

ポイントシャシーアースまで配線します．抵抗とコンデンサーは，1L4Pのラグ端子に整然と取り付けることで，後の配線確認作業が楽に行え，パーツを変更する場合にも苦労がありません.

左上に見えるボリュームは，DCバランス調整用の200Ωのボリュームで，L型アングルを加工して取り付けています．入力端子から初段のグリッドへの配線は，距離は短いのですが，ノイズ対策としてシールド線で配線しました.

32A8まわりの配線も，1L6Pのラグ板に整然と取り付けています（写真5）．ここは特に込み合う部分で，間違いを起こしやすいところなので，注意深く確認しながら配線してください.

出力管のカソードバイパスコンデンサー（100μF/200V）は，熱が伝わりにくい場所に設置しています（写真6）．出力トランスの取り付けネジに10mmのスペーサーを立て，そこに1L4Pのラグ板を取り付けて，水平に取り付けました．出力端子へのリード線の取り付けには圧着端子を使用しましたが，ハンダ付けでもよいでしょう.

写真7は，電源部です．1L6Pのラグ板に，必要なパーツを取り付けています．ここには，ヒーターバイアス回路も組み込みました.

以上のほかには特に説明は必要ないと思います．実体配線図と写真を参照してください.

調　整

お決まりのことですが，調整の前にシャシー内部の清掃です（写真8）．それが終わったら，配線の確認を行います．全段直結アンプでは各部ごとに調整することはで

きないので，配線の確認をしっか
り行ってください．特に交差型位
相反転回路は，電圧増幅段のグ
リッド配線が交差するので，そこ
は十分注意して確認します．また，
極性のあるパーツが正確に取り付
けられていることを確認します．

自信が持てたら，3A程度のヒュ
ーズを差し込みます．AC320V
の配線をいったん外して，B電圧
がかからないようにしてください．

次に，すべての真空管を差し込
み，電源を入れます．ヒーターが
点灯しているか，また異常に明る
くないか，反対に暗くないかを目
視で確認します．

この段階でヒューズが飛ぶとか，
電源トランスがうなる，また変な
においがするといった異常があっ
たら，すぐに電源を切って，間
違っている部分を探し出して修正
してください．

そこまでできたら，外しておい
たAC320Vの配線を元にもどし
ます．

次にNFB抵抗をいったん外して，
DCバランス調整用の200Ωのボ
リュームをセンターにセットして
おきます．

そして，まず4本のうちのどれ
でもよいので，32A8のカソードに
DMM（デジタルマルチメーター）

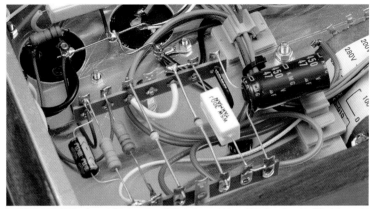

[写真7] 電源部はパーツが少ないので苦労することはないだろう．立てラグ板（チョーク
コイルの取り付けネジにスペーサーをはさんで取り付けている）には32A8のヒーター
バイアス用のパーツも取り付けている

を当てて電源を入れます．11秒
で電圧が上がってきて，DC150
V±5V程度になっていることが確
認できれば，正常に動作している
といえます．4本とも急いで確認
してください．

もし大きくずれる場合は，**32A8**
の3極部に入っているカソード抵
抗の値を増減して調整してくださ
い．ちなみに，本機のRチャンネ
ルはボリュームを回し切ってもバ
ランスが取れなかったので，1本
のみ1.2kΩから1.5kΩに変更し
ました．

いずれにしても，出力部の4か所
すべてのE_kがDC150V±5V以
内になるように調整してください．

次に，DMMをどちらかのチャ

ンネルの出力管のカソードとカ
ソード間に当て，0Vを示すよう
に200Ωのボリュームを回して
調整してください．そこまででき
たら，いったん電源を切ります．

今度は，NFB抵抗を接続します．
このときDCバランスが少し崩れ
るので，もう一度調整してくださ
い．発振器がある方は，信号を入
力して，出力電圧がNFB抵抗を接
続する前の半分（−6dB）程度に
なることを確認します．

発振器がない方は，トラブルを
起こしても被害を少なくするため，
壊れてもよいようなスピーカー，
もしくはユニット単体でもよいの
で，NFBをかけない状態で音楽
を聴きながら，ミノムシクリップ

[写真8] ひととおり配線を終えたら，内部をよく清掃する．パーツの脚の切れ端や，ハンダのかけらなどを，ハケや掃除機を使ってきれ
いに取り除く

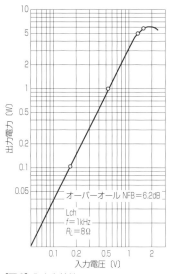

[図9] 入出力特性

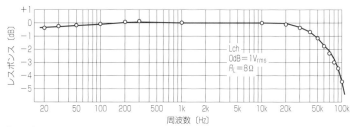

[図10] 周波数特性

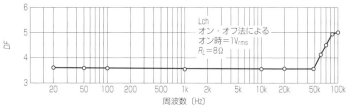

[図11] ダンピングファクター

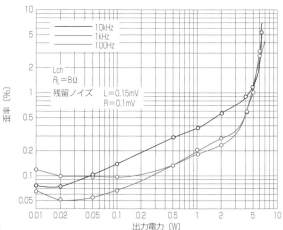

[図12] 歪率特性

でNFB抵抗をつないでみてください．そのときに音量が下がれば正常です．

このとき発振する，もしくは音量が増大する場合は，正帰還になっているので，もう一度配線の確認を行って，誤りがある箇所を修正します．

最後に，各部の電圧が回路図（**図6**）に示した値に近ければ完成です．

特　性

図9に入出力特性を示します．増幅するのは**32A8**の3極部のみで，また電流帰還がかかっていることから，総合ゲインは小さくなっています．できれば1V以内で最大出力を得たいところですが，1.6Vの入力で6Wの出力となりました．カソードNFBとオーバーオールのNFB，合計で12dB程度のNFBがかかっていることから，当然の結果でしょう．ただし，CDの出力は2V程度あるので，入力ボリュームを取り付ければ，CDと直結にしても問題はないはずです．

なお，最大出力からさらに入力を増加させると，出力は減少に転

じることが特徴です．

周波数特性は，20Hzから80kHzまでが－3dBに入っているので，広帯域なアンプに仕上がっているといえます（**図10**）．低域では多少レスポンスが低下する傾向が見られますが，これは出力トランスの基本特性だと思われます．何より，ピークとディップが見当たらない点は評価できるでしょう．

ダンピングファクターは，20Hzから50kHzまでは3.6で一定していますが，それから上に向かって5あたりまで上昇する特性になっています（**図11**）．カソードNFBのみの場合，*DF*は1（1kHz）程度でした．

図12は，高調波歪率特性です．10kHzのカーブが100Hzと1kHzのカーブと多少離れている点は気になりますが，いずれも素直なソフトディストーションカーブなので，これでよいと思います．

残留ノイズは0.15mV（Lチャンネル），0.1mV（Rチャンネル）で，かなり低い値を示しています．

写真9（a）～（c）は，各周波数における方形波応答波形です．

3波形ともほぼ原形を保っているので，広帯域に仕上がっていることがわかります．特に100Hzでの応答波形は，シングルアンプではなかなか実現できないようなきれいな波形です．

写真9 (d) は，負荷オープン時の応答波形です．この応答波形からうかがえることは，高域にあばれのない素直な特性であるということです．

写真9 (e) は，8Ωの負荷抵抗に0.47μFの容量を並列接続したときの応答波形です．不安定なアンプだと，発振にまでは至らなくても，大きなリンギングが発生するものですが，本機ではわずかな乱れにとどまっています．

また，0.47μFのみを負荷としたときの純容量負荷時の応答波形（写真9 (f)）でも，わずかなリンギングですんでいて，安定して動作していることがわかります．

写真10は，クリップカットオフ時のサイン波応答波形です．クリップすると同時に，クロスオーバー波形が現れてきました．これはA級からAB級への移行の表れだと考えています．

以上から本機は，能率の高いスピーカーを余裕を持たせて使用することで，実力を発揮するタイプの

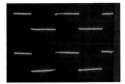
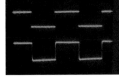
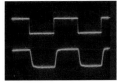

(a) f＝100Hz, R_L＝8Ω　　(b) f＝1kHz, R_L＝8Ω　　(c) f＝10kHz, R_L＝8Ω

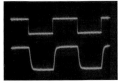
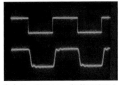
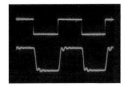

(d) f＝10kHz, 負荷オープン　　(e) f＝10kHz, 負荷に8Ωと0.47μFの容量を並列接続　　(f) f＝10kHz, 負荷に0.47μFの容量のみを接続

[写真9] 方形波応答波形（Lch, 出力1V_rms, 上：入力，下：出力)

アンプだといえるかもしれません．

試　聴

試聴は，TADダブルウーファーシステムとアルテック620B，そして10cmのフルレンジスピーカーで行いました．

プッシュプルアンプですがシングルアンプのような感覚があり，クリアで爽やかです．刺激的なところはなく，聴き疲れしないところは評価すべきかもしれません．

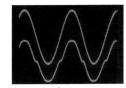

[写真10] クリップカットオフ時のサイン波応答波形（Lch, f＝1kHz, R_L＝8Ω, 出力7W, 上：入力，下：出力)

6BM8系の真空管は，オリジナルがまだ入手できることもあり，もっと利用されてよい出力管だと感じました．

AND MORE !!

使いやすい真空管による再現性の高いアンプ

6BM8は本来，テレビの垂直発振増幅用として開発されたのですが，オーディオ出力管としての使いやすさと，何より音質が良好であったことから多用されました．したがって，初心者が取り組むには格好の出力管だといえるでしょう．

ただシングルでは3W程度の出力しか得られず，現在主流となっている低能率スピーカーをドライブするには若干パワー不足の感が否めません．そこで本機はプッシュプルアンプとすることで出力を増大させようと考え，全段直結回路を採用することでカップリングコンデンサーによる色付けを排し，コンデンサー選びに苦労することなく，できるだけストレートな音質となるように配慮したつもりです．とはいえ，DCアンプではないので，出力トランスは必須でその色付けは仕方ありません．

さて，使用した32A8はトランスレス式5球スーパーラジオの音声増幅用として多用されたようなので，入手難ということはないはずで，同等管であれば地方の電気

屋さんの倉庫に眠っているかもしれません．それらを探し出すのも宝探しに似て楽しいでしょう．

追試の際に注意が必要なのは，交差型位相反転回路なので，電圧増幅部のグリッドは正確に交差させるという点です．そうしないと，まともに動作しません．

私は都合により参加しませんでしたが，本機は2021年の富山クラフトオーディオでの試聴会で聴いていただいたところ，多くの方の賛同を得たそうです．

本機は製作コストがそれほどかからず，シャシー上のレイアウトも変更しやすいので，ベテランであれば気に入ったレイアウトにすることは簡単で，予算に余裕があれば高品質なパーツの投入によって，さらに高音質なアンプが完成すると思います．また，初心者がトライしてもハムノイズなどのトラブルはないと思いますが，自信が持てないときは本機と同様のシャシーに同様に孔あけし，実体配線図に倣って製作するとよいでしょう．

(征矢　進)

right2019年2月発表

初段6AQ8，カソードフォロワードライブで出力6W

6L6GC 全段直結
シングルパワーアンプ

征矢　進

6L6GCを3極管接続とした全段直結シングルアンプ．低インピーダンスな6AQ8カソードフォロワーで出力管をプラス領域までドライブして，出力の増大を図っている．すべての6L6系列の出力管を使用できるように，初期メタル管の最大定格を採用して設計．無帰還なので，6L6の本来の音質を味わうことができる．広帯域の出力トランスにより周波数特性は良好，最大出力は6Wを得ている．昔から6L6系は音がよいことで知られているが，本機も癖が少なく，信号を素直に増幅しているように感じられるアンプとなった．

無帰還
全段直結アンプ

　本機の主要な点としては，**6L6GC**を3極管接続とした全段直結回路とすることです．その場合，第2高調波歪みが多く発生しますが，歪率を抑えることを最優先には考えないようにしました．歪率が気になる方は，初段に**12AT7**を使用して，歪みの打ち消しを行えばよいのですが，気になる方は，『MJ無線と実験』2017年10月号の**807**

シングルアンプ製作記事を参考にしてください．

　次に，すべての**6L6**系列の出力管を使用できるように，本機では初期のメタル管の最大定格を採用して設計しました．

　無帰還シングルアンプで設計するので，負帰還による特性の向上が見込めないことから，諸特性は成り行きに任せることになりますが，反面**6L6**本来の音質を味わうことができるのはメリットだと思います．

真空管の動作

（1）出力段

　使用した真空管の定格を**表1**に示します．前述したように，**6L6GC**（**写真1**）を3極管接続とし，無帰還全段直結A_2級で設計しました．本機に採用した電源トランスではB電源電圧をあまり高くできません．そこでE_pを270V程度としましたが，こうすることで，**6L6**系であればすべて使用できることになります．

実体配線図

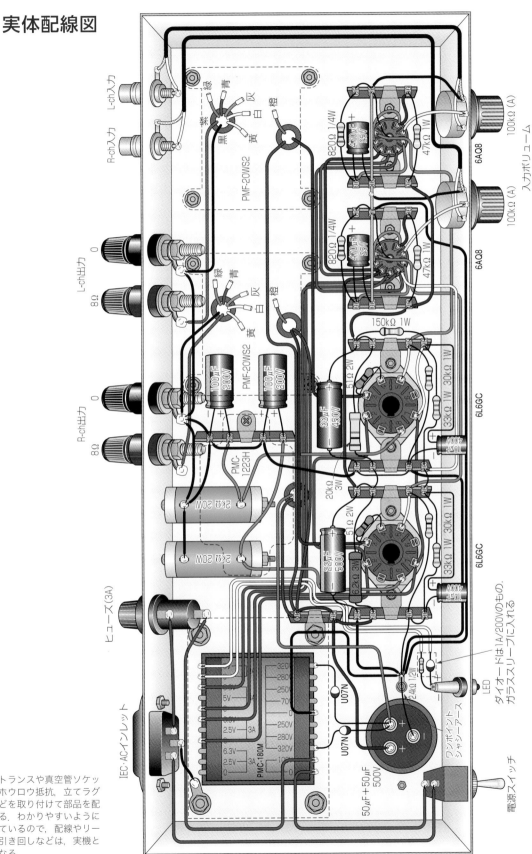

電源トランスや真空管ソケット，ホウロウ抵抗，立てラグ板などを取り付けて部品を配線する．わかりやすいように描いているので，配線やリードの引き回しなどは，実機とは異なる

[表1] 使用真空管の定格と動作例

型　　番	6L6G（ビーム管接続）	6L6G（3極管接続）	6L6GC	6AQ8
種　　別	電力増幅用ビーム管	電力増幅用ビーム管	電力増幅用ビーム管	AM/FM用高μ双3極管
E_h 〔V〕 × I_h 〔A〕	6.3×0.9	6.3×0.9	6.3×0.9	6.3×0.435
最大定格				
E_p 〔V〕	360	275	500	300
P_p 〔W〕	19	19	30	2.5（2ユニット合計4.5W）
E_{g2} 〔V〕	270		450	
P_{g2} 〔W〕	2.5		5	
R_g 〔MΩ〕 F	0.1	0.1	0.1	
C	0.5	0.5	0.5	
E_{h-k} 〔V〕	±180	±180	±200	90
動 作 例				
E_p 〔V〕	250	250	250	250
E_{g2} 〔V〕	250		250	
E_{g1} 〔V〕	−14	−20	−14	−2.3
I_p 〔mA〕	72〜79（I_{g2}=5〜7.3mA）	40〜44	72〜79（I_{g2}=5〜7.3mA）	10
P_o 〔W〕	6.5（R_L=2.5kΩ）	1.4（R_L=5kΩ）	6.5（R_L=2.5kΩ）	
g_m 〔mS〕	6	4.7	6	5.9
μ				8
r_p 〔kΩ〕		22.5	1.7	22.5

（グリッド抵抗R_gの項にある，「F」は固定バイアス動作時，「C」はカソードバイアス動作時の抵抗値）

[写真1] 出力管6L6GCの例．これは米国GE製のヴィンテージ品だが，6L6GCは現在も生産されていてギターアンプなどに繁用されているため，さまざまなブランドの製品が容易に入手できる

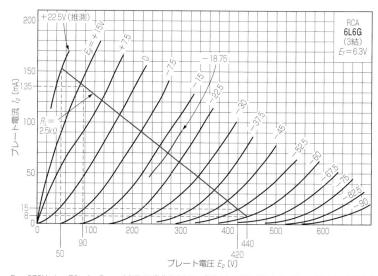

E_p=270V，I_p=70mA，E_g=−18.7Vに動作点をおき，負荷として2.5kΩを与え，E_g=+15Vまでドライブできたとすると，最大出力は，

$$P_o = \frac{(E_{p\,max}-E_{p\,min})\times(I_{p\,max}-I_{p\,min})}{8} = \frac{(420-90)\times(135-15)\times10^{-3}}{8} = \frac{330\times120}{8}\times10^{-3} = 4.95\,(W)$$

となる．

仮に，E_g=+22.5Vまでドライブできたとすれば，

$$P_o = \frac{(440-50)\times(150-8)}{8}\times10^{-3} \fallingdotseq 6.92\,(W)$$

そのときの入力電圧は，29.26V_{rms}が必要である．

[図1] 6L6GのE_p-I_p特性と最大出力の計算

出力管を3極管接続としたことにより，無帰還アンプであっても適度なダンピングファクター DF値を得ることができます．また，調整する箇所はないので，高度な測定器を持っていない初心者でも追試は容易になるはずです．

図1をご覧ください．これは，E_p=250V，I_p=70mA，E_{g1}=18.75Vに動作点をおき，そこに2.5kΩの負荷線を引いたものです．

6L6GのE_{g1}曲線には+15Vまでの表示があるので，G₁はプラス側までドライブしても，I_{g1}に対して問題ないと判断しました．

計算式は図中に示しますが，+15Vまでドライブすれば，5W程度の出力を得られます．A₁級の動作例では1.4Wが最大出力なので，A₂級とすれば大幅な出力増が見込めることになります．

仮に，E_{g1}=+22.5Vまでドライブできたとすれば，ビーム管接続時の動作例以上の出力を得ることができるはずです．そのときのドライブ電圧は約30V_{rms}を必要

シャシー内部の配置

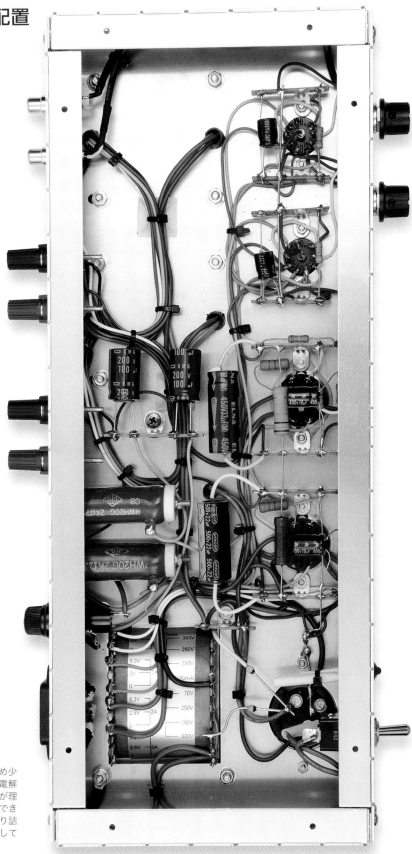

使用するパーツは，全段直結のため少ない．4本の真空管とブロック型電解コンデンサーを一列に並べ，配置が理解しやすいのでスムースに配線ができる．出力トランスのリード線は切り詰めず，結束バンドでしっかり固定しておく

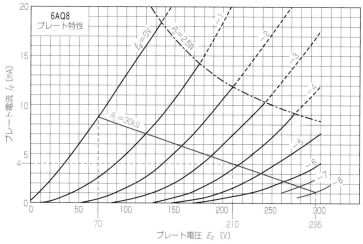

$E_p = 210V$, $I_p = 4mA$, $E_g = -4V$に動作点をおき、負荷として30kΩを与えると、$E_p = 70〜210〜295V$の間で変化する動作となる。6L6を+22.5Vまでドライブする場合、ピーク値で40.75Vを必要とするが、この定数で十分余裕を残している。

[図2] 6AQ8の$E_p - I_p$特性とカソードフォロワー段の動作

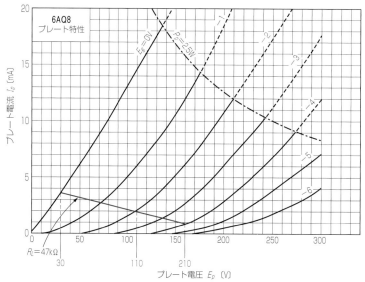

$E_p = 110V$, $I_p = 2mA$, $E_g = -2V$に動作点をおき、負荷として47kΩを与えると、ピークで40.75Vをクリアできる。歪み量はやや多いが、6L6の歪みの打ち消しが行われる可能性がある。

[図3] 6AQ8の$E_p - I_p$特性と初段の動作

となり、当然グリッド電流I_{g1}が流れるので、ドライブには電力が必要となります。

（2）カソードフォロワー段

6AQ8の第2ユニットを使用しました（**図2**）。g_mが高いので、出力インピーダンスは数百Ωまで下がり、**6L6GC**のI_{g1}を吸収して、強力にドライブできるはずです。

（3）初段

初段は**6AQ8**の第1ユニットを使用しました（**図3**）。$E_p - I_p$特性は、必ずしもきれいとはいえません。あえて負荷抵抗を下げI_pを絞り、**6L6GC**との間での歪みの打ち消しを考えましたが、前述の**807**（3極管接続）アンプで得た低歪率特性とはなりませんでした。ただ、音質は気に入ったので、そのままの定数で完成としました。1V以内

の入力電圧で、**6L6GC**をフルスイングできるので、使いにくいことはないでしょう。**写真2**は、初段とカソードフォロワー段に使用した**6AQ8**です。

回路設計

本機の回路を**図4**に示します。

指定の電源トランスPMC-180Mの巻線の最大AC電圧は320Vなので、半導体整流したとしても、DC400V程度しか得られません。**6L6GC**のカソード電圧を140Vまでかさ上げするとすれば、実効プレート電圧は260Vということになります。I_pは70mAなので、プレート損失は18.2Wとなり、**6L6G**の規定P_pの19W以内だし、**6L6GC**の$P_p = 30W$に対しては、余裕を残しています。

そうすると、前段の電圧配分もおのずと決定され、初段のE_pは116Vとなりますが、**6AQ8**はこのような低い電圧でも**6L6GC**をフルスイングできます。

電源部は、説明の必要がないほど単純な回路です。ただし、**6L6GC**のヒーター・カソード間の耐圧に

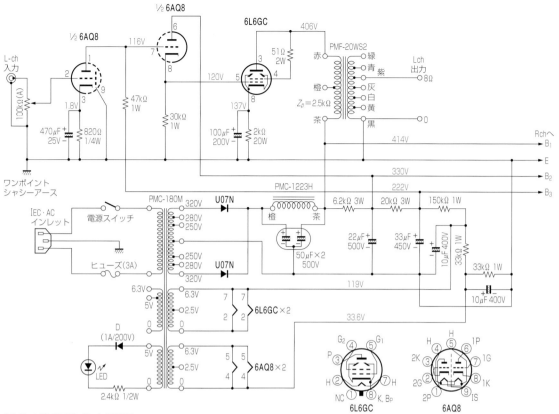

[図4] 本機の回路（Rchは省略）

配慮して，ヒーターバイアスをかけました．

使用パーツ

使用した主なパーツを**表2**に示します．

シャシーは『MJ無線と実験』で特注製造したもので，サイズはW400×D164.5×H40mmです．追試の際は，似たサイズのアルミシャシーを使ってください．たとえば，タカチ電機工業ではSRDSL-20HSやYM-400（要補強），SRDSL-9（製造終了），リードではS-2が候補としてあげられます．

トランス類はゼネラルトランス販売のオリジナル品で，入手は容易です．出力トランスPMF-20WS（**写真3**）の特性は広帯域で，あばれの少ない，特性のよいトランスです．

[表2] 主な使用パーツ

項　　目	型番/定数	数量	メーカー	備　　考
真空管	6L6GC	2	エレクトロ・ハーモニックス	メーカー不問
	6AQ8	2	松下	メーカー不問
出力トランス	PMF-20WS2	2	ゼネラルトランス販売	
電源トランス	PMC-180M	1	ゼネラルトランス販売	
チョークコイル	PMC-1223H	1	ゼネラルトランス販売	
シャシー		1		本文参照
抵抗	2kΩ 20W	2		ホウロウ型
	20kΩ 3W	1	アムトランス	酸化金属皮膜型
	6.2kΩ 3W	1	コーア	酸化金属皮膜型
	51Ω 2W	2	アムトランス	酸化金属皮膜型
	150kΩ 1W	1	アムトランス	酸化金属皮膜型
	47kΩ 1W	2	アムトランス	酸化金属皮膜型
	33kΩ 1W	2	アムトランス	酸化金属皮膜型
	30kΩ 1W	2	アムトランス	酸化金属皮膜型
	2.4kΩ 1/2W	1		酸化金属皮膜型
	820Ω 1/4W	2		カーボン型
コンデンサー	50μF+50μF/500V	1	JJエレクトロニック	ブロック型
	22μF/500V	1	ユニコン	チューブラー型
	33μF/450V	1	エルナー	チューブラー型
	10μF/400V	2		縦型
	100μF/200V	2	日本ケミコン	縦型，KMG
	470μF/25V	2	日本ケミコン	縦型
ダイオード	U07N	2	日立	
	1A/200V	1		LED用
LED		1		
ボリューム	100kΩ（A）	2		
真空管ソケット	MT9ピン	2	QQQなど	しっかりしたもの
	US8ピン	2	QQQなど	しっかりしたもの

そのほか，入力端子，出力端子，ツマミ，電源スイッチ，IEC・ACインレット，ヒューズホルダー，ヒューズ（3A），立てラグ板，ゴム脚などの外装パーツ，配線材，ビス・ナット一式

[写真3]
ゼネラルトランス販売の出力トランスPMF-20WS2. オリエントコア使用のユニバーサル型でSG端子付き. 従来製品の特性を改良して使いやすくなっている

真空管やCR類も特殊なものは使用していないので入手は容易でしょう. 手持ち品があれば, それを活用してください.

製 作

本機の外観を**写真4**, **5**に示します. シャシーが塗装なしのアルミ地肌のままのときは, キズが付きやすいので慎重に取り付けてください.

本機は, 無塗装の状態を知っていただくため, あえて塗装していませんが, 各自で気に入った塗装をすると, オリジナリティを発揮できてよいと思います.

シャシー上は大きく2分割し, 前列に真空管と電解コンデンサーを, 後列にトランス類を配置しています. 真空管式パワーアンプであることを強調できていると思います.

123ページの写真はシャシー内部全体ですが, 使用パーツが少ないことから, すっきりとした配置になっています. ここで重要なポイントは, **6L6GC**のカソード電圧かさ上げ用2kΩ/20Wのホウロウ抵抗 (**写真6**) は発熱量が多いので, 熱を嫌う電解コンデンサーを近くに配置しないようにすることです.

写真7は, 初段とカソードフォロワー段まわりのようすです. ボリューム本体とぶつからないように, 1L4Pの1つの端子を切断して1L3Pとして, ラグ板に必要なパーツを取り付けています. また, 立てラグ板は長さ10mmのスペーサーを使用して, シャシーから浮かせて取り付けています. パーツが取り付けやすいことと, シャシーからの熱が直接伝わらないことがメリットです.

写真8は, **6L6GC**のソケット下

[写真4] 真空管とトランス類は大別して2列に配置. シャシー上面はトランス類の占める割合が多い

[写真5] リアパネルは入出力端子, 電源インレット, ヒューズホルダーという必要最小限の構成

部の空いたスペースにB₂電源とB₃のデカップリング回路およびヒーターバイアス回路を設置したようです.

写真9は, 右チャンネル側出力段と整流・平滑コンデンサーまわりの配線です.

写真10は入出力端子のようすです. 安全のため, ＋の出力端子は熱収縮チューブで絶縁しています.

ゴム脚は, シャシー組み立ての際に出る端材を取り付け金具として, シャシーの四隅に取り付けて

固定します (写真11). これは, シャシーの補強にもなります.

調整

調整の前に行うこととしては, シャシー内部の清掃と配線確認です. 特に直結回路なので, 配線確

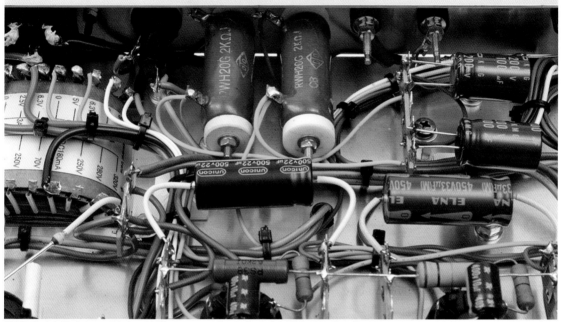

[写真6] 出力管バイアス用ホウロウ抵抗は, ヒューズホルダーと出力端子の間に取り付けている. なお, 出力管のホウロウ抵抗は発熱量が多いので, 電解コンデンサーは離して配置することが大切

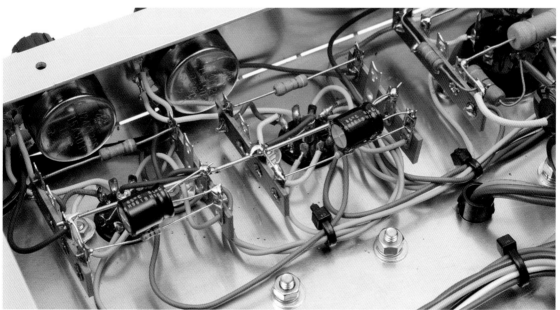

[写真7] 初段部は, 立てラグ板1L4Pの1つの端子を切り落として1L3Pとして使用. その1つの端子は, アース母線の設置に使用している. シャシーの折り曲げ部分に小さなスリットがあり, 放熱孔として利用できる

[写真8] 出力管6L6GCソケットまわりのようす. 立てラグ板の間に, デカップリング用のCRを取り付けている. 余った端子には, ヒーターバイアス用パーツを配線

[写真9] 右チャンネル出力管ソケットの配線と整流ダイオード・平滑コンデンサーまわりの配線. パイロット用LEDと電流制限用抵抗にはガラススリーブを被せている

[写真10] 入出力端子まわりの配線. 使用しない出力トランスのリード線は安全のため先端を熱収縮チューブで絶縁してシャシーの隅に這わせて見栄えよくしている

認は大切な作業となります.

回路図（**図4**）の拡大コピーを取り，配線の確認が終わった部分を色鉛筆で塗りつぶしていくと，間違いをなくすことができると思います.

確認が終わり，間違いないと自信が持てたら，いよいよ調整に移ります．とはいえ，本機には基本的に調整箇所はないので，各部の電圧確認ということになります.

最初は整流ダイオード（**U07N**）を外し，3A程度のヒューズをヒューズホルダーに入れます．そして4本すべての真空管を差し込み，電源を入れてください．4本のヒーターが点火しているか，また異常に明るくないかを目で確認しま

す．このとき，ヒューズが飛ぶとか，異常な音がするといった場合はすぐに電源を切り，もう一度点検して異常箇所を探して修正してください.

そこまで問題がなければ，外してあったダイオードを再度取り付け，真空管は**6AQ8**のみ差し込みます．DMM（デジタルマルチメーター）は，どちらかのチャンネルでよいので，カソードフォロワー段のカソードバイアス抵抗（30kΩ）とアース間にリード棒を当て，電源を入れます．10秒ほどで電圧が上がってきて，150V程度を示すはずです．確認できたら，すぐに別のチャンネルのカソード電圧も計測してください．正常であ

れば，いったん電源を切ります.

今度は**6L6GC**も差し込みます．DMMは，**6L6GC**のカソード抵抗（2kΩ）とアース間にリード棒を当て，電源を入れます．これもどちらかのチャンネルでよいです．正常であれば，10秒ほどで140V程度を示すはずです．そして急いで，別のチャンネルのカソード電圧も測ってください.

電圧のバラツキは±5V程度であれば，特に問題ないはずです．**6L6GC**はペアチューブを使用していますが，大きく異なる場合は，**6AQ8**を少し多めに用意して交換してみてください.

それでも大きく異なる場合は，どこかに異常箇所があるかもしれ

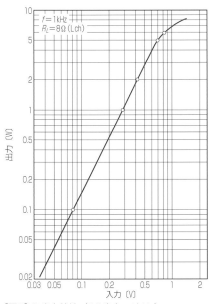

[**写真11**] シャシーの四隅に取り付けたアルミ板にゴム脚を固定している

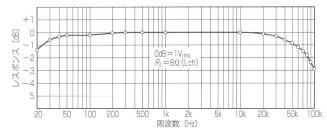

[**図6**] 周波数特性（0dB＝1Vrms）

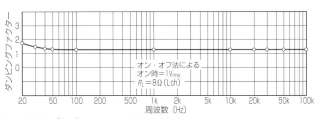

[**図7**] ダンピングファクター（8Ω出力）

[**図5**] 入出力特性（8Ω出力，1kHz）

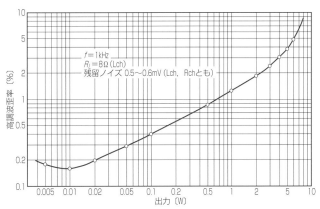

[**図8**] 歪率特性（8Ω出力，1kHz）

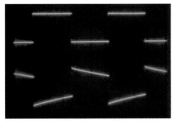

(a) 100Hz

(b) 1kHz

(c) 10kHz

[**写真12**] 出力1V$_{rms}$の各周波数の方形波応答（Lch，8Ω，上：入力，下：出力）

(a) 負荷オープン

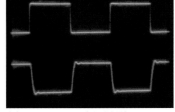

(b) 8Ω＋0.1μF（並列接続）

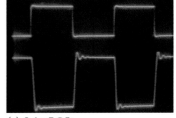

(c) 0.1μFのみ

[**写真13**] 負荷を変化させた10kHz方形波応答（Lch，出力1V$_{rms}$，上：入力，下：出力）

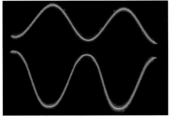

[**写真14**] 最大出力（6W）時の1kHzサイン波応答波形（Lch，8Ω，上：入力，下：出力）

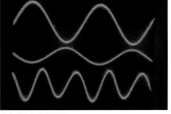

(a) 出力0.5W

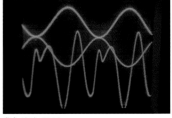

(b) 出力2W

[**写真15**] 1kHzの歪み波形（Lch，8Ω，上：入力，中：出力，下：歪み波形）

ないので，もう一度各部を点検してみてください．どこにも問題ない場合は，初段のバイアス抵抗820Ωに代えて，2kΩ程度のボリュームを入れ，**6L6GC**のカソード電圧が140V程度になるようにボリュームを回して調整します．

そうしたら，その抵抗値に近い値の固定抵抗と置き換えてください．最後に，**図4**に示した各部の電圧に近いことを確認できれば，調整は終わりです．

測 定

図5に示すように840mVの入力電圧で，6Wのフルパワーを得ています．3極管接続での最大出力は，E_p＝250V時，1次側で1.4Wなので，それより大きな出力を

得ていることになります．A$_2$級動作は，出力の増大に大きな意味を持っていることを表しています．

クリップはするものの，出力は8W近くまで増大することを確認できました．

図6は周波数特性ですが，広帯域の出力トランスであることを表す特性となりました．負帰還はかけていませんが，多少の負帰還をかけても，周波数特性に問題はなく，発振などのトラブルも発生しないでしょう．

ダンピングファクター（**図7**）は，低域端で多少盛り上がりますが，DF＝1.47で一定しています．大型フロアスピーカーを使用すれば，量感のある低域をストレスなく聴くことができると思います．

歪率特性を**図8**に示しますが，各周波数は1kHzのカーブにほぼ一致していたので，今回は1kHzのみのカーブを示します．

歪みの打ち消しが不十分のためか，**6AQ8**との相性が悪いのかわかりませんが，多少歪み量は多いと思います．それでも1W時1.3%程度なので，特に問題はないでしょう．よい点は，きれいなソフトディストーションカーブであることで，ほぼ直線的に増加しているので，歪みは目立たないでしょう．

波形観測

写真12は，各周波数における方形波応答波形です．

100Hzでのサグは多少大きいようですが，これは**図6**の周波数

特性からもうかがえ，低域端が素直に低下していることを表しています．

10kHzの応答波にみられる，わずかなオーバーシュートは，100kHz以上でどこかに若干のピークがあることを意味しています．本機は，無帰還アンプなので問題ありません．方形波は原波形に近く，かなり高域までレスポンスがあることの表れでしょう．

写真13は負荷を変化させて観察した方形波応答波形です．いずれの場合もまったく安定していて，無帰還アンプの特徴が表れています．

写真14は，最大出力時のサイン波応答波形です．クリップとカットオフが同時に現れているので，2.5kΩが負荷として適切な値であったことの証明でしょう．

写真15は，0.5Wと2W各出力時での歪み波形です．出力0.5W時はきれいな2次歪みですが，出力2W時では複雑な歪みが加わってきているようです．原因はこの出力あたりからA_2級動作に移行していることではないかと考えます．

試 聴

昔から**6L6**は音が良いことで知られていますが，本機も癖が少なく，プリアンプからの信号を素直に増幅しているように感じました．これは以前に発表した**807**の3極管接続シングルアンプと共通した感想です．

最大出力は6Wで**300B**並みにあるので，多少低能率のスピーカーでも音量を上げなければ，十分実用になると思います．コストもそれほどかからないので，ぜひ追試してみてください．

[**写真16**] 無塗装のアルミシャシー後方のトランスの壁を背景に真空管が並ぶ無骨で実用本位のデザイン．シャシーを塗装したり，サイドウッドを取り付けたりすることでオリジナリティが出せる

AND MORE !!

タイプの異なる真空管で音の変化を楽しむ

本機は2019年3月に開催された「MJオーディオフェスティバル」での試聴イベントで発表したものです．岩村保雄，長島勝両氏とともに，シャシー，トランス類，出力管を共通にするというレギュレーションで各自回路に工夫を凝らすというテーマの競作企画で，来場の方には聴いていただくことができたものです．各作者のアンプ製作に対するアプローチや考え方を垣間見ることができたこと，そしてその結果，3台のアンプがそれぞれ異なる音質を余すところなく発揮してくれたようで，実に興味深いイベントでした．

使用したシャシーは『MJ無線と実験』で頒布していた折り曲げ式のものですが，125ページにも書いたように市販の同じようなサイズのものを使ってください．

外観で個性を発揮したいときは，塗装するとかサイドウットを取り付けるとか，いっそのこと木枠で囲むといった方法が考えられます．シャシーまわりは各自のオリジナリティが発揮できるところです．

本機は無帰還で構成しているので，アンプ製作の経験がある方は，出力トランスは指定したものでなくてもよく，1次インピーダンスが2.5kΩで，取り扱い電力が20W程度あるものなら何でもよいはずです．手持ち品があれば，それを使用していただいても結構です．

さらにベテランは初段を変更するのもおもしろいと思います．6AQ8の代わりに6（12）DT8あるいは**12AT7**，多少感度は低下しますが**12AY7**，**6DT8**，**6BQ7**など，μが30から50程度の双3極管は数多くあるので，それらを使用して実験すれば，音質の変化を楽しむことができるでしょう．

この改造は初段のカソード抵抗値を変えるだけでよく，初段のカソード抵抗を外して2kΩ程度のボリュームに換え，E_kが140Vになるようにセットすればよいはずです．ただし**12AT7**は実験しましたが，それ以外は実験していないので特性は不明です．

出力管を**EL34/6CA7**とか**KT66**などに変更して最適動作点を見つけるといった実験もおもしろいと思います．

いずれにしても，最初は本機を追試してその音質を確認してから改造にトライしてみてください．1台のアンプで何度も楽しむことができるアンプではないかと思います．

（征矢　進）

低プレート抵抗のECC99で強力にドライブトランスを駆動

トランスドライブ
300Bシングルパワーアンプ

岩村保雄

トランスドライブは古くからある真空管アンプの代表的な回路で，広帯域な周波数特性は難しいもののヒアリングにおいては音の飛びとリアリティで，かなりの優位性を持っている．高コストが難点であったが，オリエントコアを使った廉価なドライブトランスPMF-55Dと出力トランスPMF-20WS2を組み合わせることで，トランスドライブ300Bシングルパワーアンプとしてはかなり製作費を抑えることができた．前段には双3極管ECC99を使用．無帰還にもかかわらず良好な特性で，周波数特性（−3dB）は17Hz〜55kHz，中域でのDFは2.8である．

トランスドライブ 300Bシングルに挑戦

真空管アンプを製作する方にとって，**300B**パワーアンプはやはり特別な存在でしょう．**300B**の姿形とそれにまつわる伝説がその存在をより大きなものにしています．WE（ウエスタンエレクトリック）の**300B**は，過去にはまったくの高嶺の花だったのですが，中国製，ロシア製，さらに国産の**300B**が登場するようになってからはだいぶ身近になりました．それでも，まだまだ**300B**アンプの製作を試みるには身構えるところがあります．

さて，代表的な**300B**シングルアンプとしてWEのNo.91A/No.91B（以下，91A/Bと略）があり，この5極管ドライブCR結合のアンプがアマチュアだけでなく真空管アンプメーカーやキットメーカーの出発点となってきました．現在でも多くの**300B**アンプが91A/Bの影響を受けています．

91A/Bのように，CR結合と負帰還を組み合わせると物理特性の優秀なアンプを作ることができます．一方，このCR結合を使った回路以前には，ドライブ（段間）トランスを使ったトランスドライブ回路のアンプが存在しました．しかし，ドライブトランスそのものが技術的に難しいこと，古い回路と見なされたこと，物理特性がどうしてもCR結合＋NFBより劣ることから見捨てられてきました．

トランスドライブの**300B**アンプに再び光を当てたのは，2020年5月15日に永眠された松並希活氏です．筆者は，何回も同氏の

実体配線図

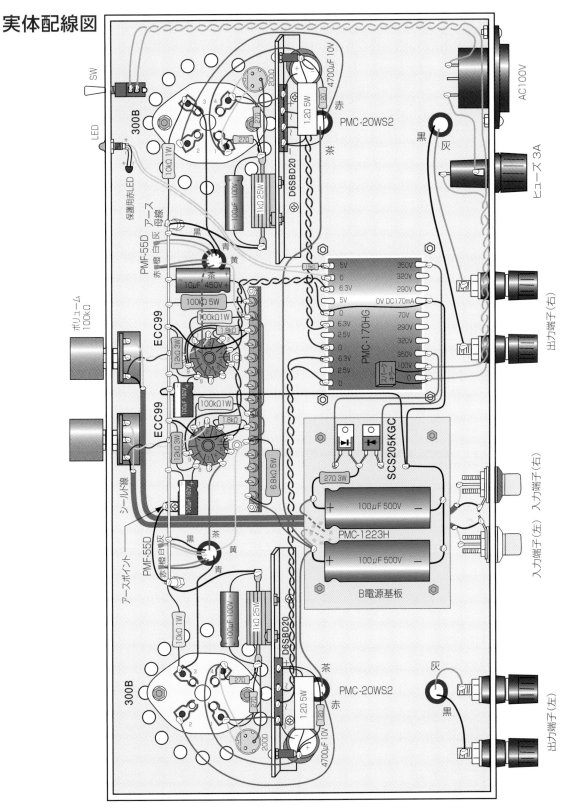

B電源は基板にピンを立ててコンデンサー，SiCショットキーバリアダイオードなどを取り付けているのですっきりしている．2本のスタンドオフ端子間にφ2mmスズメッキ線のアース母線を張り，シャシーアースは，ドライブトランスの固定ネジに共締めしたタマゴラグでシャシーに落としている（なお，実体配線図の配線の色は，見やすくするために実機と変えているところがある）

試聴会でその音を聴かせていただきましたし，ご自宅に何度も伺って聴かせていただきました．確かに周波数特性などの特性は100kHzまでフラットなどということはありませんが，音のリアリティや押し出してくる感覚は，はるかに優れています．部品点数が少ないので製作は容易ですが，いかんせんドライブトランスをはじめとする部品が高価で，そう簡単には手を出すわけにはいきません．

これまで，ドライブトランスのコアにはパーマロイやファインメットを使ったものが多かったので，どうしても高価でした．それでもタンゴのドライブトランスNC-14は評価も高く，筆者も含めてしばしば使ってきました．残念ながら平田電機製作所，アイエスオーと製造会社が次々と廃業したので，製造中止となっています（2023年1月現在の状況については143ページの AND MORE!! に書きました）．

ところが2020年，これまでファインメットコアのドライブトランスのみを販売してきたゼネラルトランス販売から，オリエントコアのドライブトランスPMF-55Dが発売されました．内容的には上記NC-14を参考にして改良したとのことなので，これを使ってトランスドライブ300Bアンプの入門機を製作しようと考えました．

入門機といっても，300Bアンプなりのバランスのとれた部品を使うこと，シンプルな中にも要所を抑えた回路，組み立てやすいコンストラクションに留意しています．もちろん，トランスドライブの300Bアンプなりの，リアルで気持ちよく前に出てくる音を目指しています．**写真1**は，使用した真空管です．

回路の設計

(1) 出力段

トランスドライブ300Bアンプの設計は，回路がシンプルなだけに回路構成に難しいところはほとんどありません．その代わり，ドライブトランスの使い方とパーツの選択がポイントになります．設計は300Bの動作条件を決めることと，ドライブトランスをどのようにドライブするかが主で，それに加えて必要とされる仕様の電源回路の設計です．

300Bの定格を記した**表1**では，オリジナルのWEのデータシートの数値と同等管の例として挙げたJJエレクトロニックの数値（＊印）が若干違っています．ここでは同等管を差すことも考え，オリジナルのWEの動作例（プレート電圧を350V，プレート電流60mA）を出発点とします．

300Bの出力特性（**図1**）から最大出力を見積もってみると，プレート電圧の振幅は570−105V＝465V$_{P-P}$なので実効値は164.4V$_{rms}$，プレート負荷が4kΩでは最大出力は動作例より下回る6.8Wとなります．

また，動作点から低電圧側，高電圧側の動作領域の長さ（範囲）が異なるので，クリップが非対称となり，偶数次の歪みが主であることもわかります．ドライブパワーがあれば動作領域が低電圧側に若干広がるので，最大出力は7Wとなるのでしょう．

専門誌などに発表された製作例には，できるだけ大きな出力を狙ってプレート電圧を400V，プレート電流80mA，プレート損失

[表1]
300B（WE，JJエレクトロニック）とECC99（JJエレクトロニック）の定格と動作例

真 空 管			300B	ECC99
ヒーター（フィラメント）電圧	E_h (E_f)	〔V〕	5	12.6（6.3）
ヒーター（フィラメント）電流	I_h (I_f)	〔A〕	1.2（1.3*）	0.4（0.8）
最大定格				
プレート電圧	E_p	〔V〕	400（450*）	400
プレート損失	P_p	〔W〕	36（40*）	5
プレート電流	I_p	〔mA〕	100	－
ヒーター・カソード間耐圧	E_{h-k}	〔V〕	－	200
動作例			A₁級	
増幅率	μ		3.9（3.85*）	22
プレート抵抗	r_p	〔kΩ〕	0.74（0.7*）	2.3
相互コンダクタンス	g_m	〔mS〕	5.3（5.5*）	9.5
プレート電圧	E_p	〔V〕	350（300*）	150
プレート電流	I_p	〔mA〕	60（60*）	18
グリッド電圧	E_g	〔V〕	−74	−4
負荷抵抗	R_L	〔kΩ〕	4	－
最大出力	$P_{o\,max}$	〔W〕	7（歪率5%）	－
データの出典			WE（＊はJJ）	JJ

シャシー内部の配置

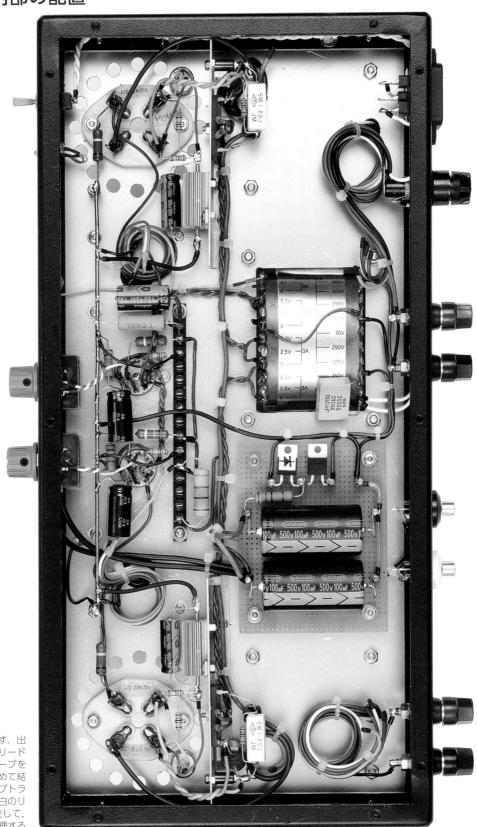

シャシー内部のようす. 出
力トランスの未使用リード
線は先端に絶縁チューブを
かぶせて, 丸くまとめて結
束しておく. ドライブトラ
ンスの赤と橙, 灰と白のリ
ード線どうしを接続して,
同じく先端を絶縁処理する

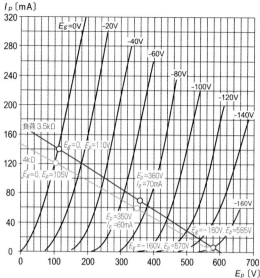

[図1] 300Bのプレート特性にスペックシートの動作点と負荷直線（橙：$E_p＝350V$，$I_p＝60mA$，$4k\Omega$），ならびに本機の動作点と負荷直線（赤：$E_p＝360V$，$I_p＝70mA$，$3.5k\Omega$）を書き加えた

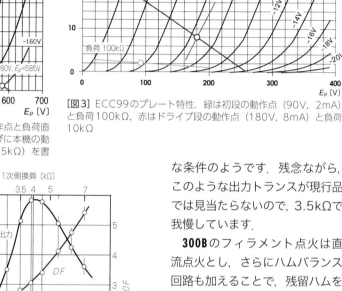

[図3] ECC99のプレート特性．緑は初段の動作点（90V，2mA）と負荷100kΩ，赤はドライブ段の動作点（180V，8mA）と負荷10kΩ

[図2] 最大出力とDFの負荷インピーダンスとの関係

32W（最大定格36W）のような例もあります．本機では，それより若干下回る動作条件（プレート電圧は360V，プレート電流70mA，プレート損失25.2W）とします．

負荷インピーダンスを一般的な3.5kΩとし，WEの動作例と同様に最大出力を見積もると，プレート電圧の振幅は475V（585−110V）$_{P-P}$となるので最大出力は8.06Wとなります（出力トランスの損失を除く）．

負荷インピーダンス（出力トラ

ンスの1次側インピーダンス）は，最大出力とダンピングファクターDFと歪率に直接関わっています．出力重視では3kΩ，DF重視では5kΩというのが一般的な判断基準でした．

負荷インピーダンスによって，**300B**アンプの最大出力とDFがどのように変わるのかという具体的な資料が見当たらないので，本機を組み上げてから調べました（**図2**）．ここから負荷インピーダンスが4kΩの場合には最大出力＝8.8W，$DF＝3.0$となり，これが最適

な条件のようです．残念ながら，このような出力トランスが現行品では見当たらないので，3.5kΩで我慢しています．

300Bのフィラメント点火は直流点火とし，さらにハムバランス回路も加えることで，残留ハムをできる限り小さくします．トランスドライブでのオーバーオールNFBは，ドライブトランスと出力トランスの2つがNFBのループに入るので，位相の回転から動作が不安定になるため，オーバーオールNFBは禁じ手です．

（2）ドライブ段

ドライブ段は，いかにしてドライブトランスをドライブするか，**300B**をドライブするのに必要なレベルまで入力信号を増幅するかが課題です．ドライブトランスをドライブする条件は，ドライブ段に使う真空管の動作時のプレート抵抗r_pがドライブトランスの1次側インピーダンス以下であることで，r_pが大きいときは高域が早く落ちてしまい，小さすぎると高域にピークが生じるといった症状が

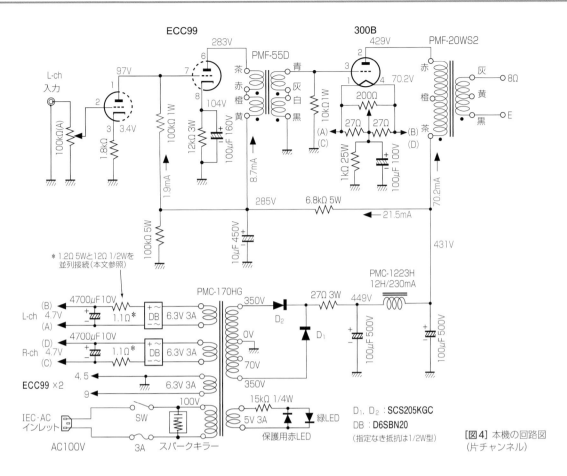

D₁, D₂ : SCS205KGC
DB : D6SBN20
(指定なき抵抗は1/2W型)

[図4] 本機の回路図
(片チャンネル)

現れます.

　ここでは双3極管で, 小出力アンプの出力段にも使える**ECC99**を使うことにしました. **表1**の**ECC99**の定格ではプレート抵抗は2.3kΩです. しかし, 実際には**ECC99**の動作条件をプレート電圧180V, プレート電流8mA（プレート損失は1.44W,最大定格5W）とすると, **図3**の出力特性からプレート抵抗は50％も大きい3.5kΩと読み取れます. これが動作時のプレート抵抗となりますが, それでも十分にPMF-55Dをドライブできることがわかります.

　増幅度については, 入力電圧0.5 V_{rms}で最大出力となるようにするには, **300B**のバイアス電圧が72V（**図1**）なので, 入力信号の実効値は最大 $72/\sqrt{2} ≒ 50.9\,V_{rms}$となり, 必要な増幅度は50.9/0.5 ≒

102倍です.

　ここで**ECC99**の動作点での増幅率μは**図3**から, 初段のμが20, ドライブ段のμが18です. CR結合回路での増幅度はμの7割程度と考えると初段の増幅度は14倍なので, 初段とドライブ段を組み合わせると252（14×18）倍になります. これでは増幅度が過大なので, 初段には電流帰還をかけ, 適切な増幅度を得るとともに歪率の低減も図ることにします（ドライブ段に電流帰還をかけると出力インピーダンスが大きくなって, ドライブトランスをドライブできなくなる）.

　ドライブトランスに最適な動作をさせるのは真空管のドライブインピーダンスだけでなく, 負荷抵抗の最適化も必要です. ドライブトランスは負荷オープンで使うこ

ともありますが, 2次側インピーダンスより大きな抵抗を負荷としたほうがよい場合も多いのです. 負荷抵抗が必要か, 必要でないか, またその大きさというのは残念ながら試行錯誤で決めるしかありません.

(3) 電源部とハムバランス

　電源回路は, 効率とシンプルなコンストラクションを考えてSiCショットキーバリアダイオードを使った両波整流とします.

　300Bのフィラメントは, 残留ハムを小さくするために直流点火とします. ハムバランスの調整には巻線型のボリュームでなく, より調整の簡単な, 抵抗と半固定抵抗器を組み合わせた回路とします.

　実際に製作してから, 後述の種々の測定結果を考慮して決定した

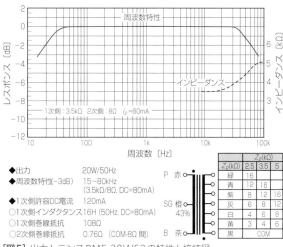

◆出力　　　　　　　　　20W/50Hz
◆周波数特性（-3dB）　15～80kHz
　　　　　　　　　　　（3.5kΩ/8Ω，DC=80mA）
◆1次側許容DC電流　　120mA
○1次側インダクタンス16H（50Hz，DC=80mA）
○1次側巻線抵抗　　　 108Ω
○2次側巻線抵抗　　　 0.76Ω（COM-8Ω間）

	Z_p(kΩ)		
Z_p(kΩ)	2.5	3.5	5
緑	16		
青	12	16	
紫	8	12	16
灰	6	8	12
白	4	6	8
黄	3	4	6
黒		COM	

P　赤
SG　橙　43%
B　茶

[図5] 出力トランスPMF-20WS2の特性と接続図

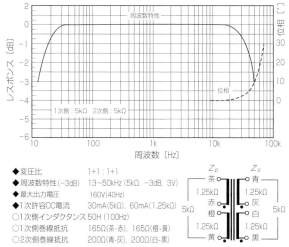

◆変圧比　　　　　　　1+1：1+1
◆周波数特性（-3dB）　13～50kHz（5kΩ，-3dB，3V）
◆最大出力電圧　　　　160V（40Hz）
◆1次許容DC電流　　 30mA（5kΩ），60mA（1.25kΩ）
○1次側インダクタンス 50H（100Hz）
○1次側巻線抵抗　　　 165Ω（茶-赤），165Ω（橙-黄）
○2次側巻線抵抗　　　 200Ω（青-灰），200Ω（白-黒）

Z_p　　　　Z_s
茶　　　　青
1.25kΩ　　1.25kΩ
赤　　　　灰
5kΩ　橙　　　　白　5kΩ
1.25kΩ　　1.25kΩ
黄　　　　黒

[図6] ドライブトランスPMF-55Dの特性と接続図

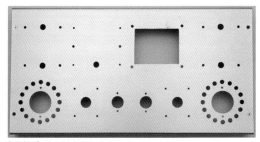

[写真2] 孔あけ加工したシャシー

[写真3] シャシー天板上のトランスと真空管の配置のようす．出力管300Bの周りには，通気用の孔をあけている，トランス類にはメーカーと型番を印字したステッカーを貼っている

[写真4] 薄型シャシーにまとめられた本機のリアパネル．入力のRCAピンジャックには台付を使用．黒地に白文字の表示は見やすい

回路図を**図4**に示します．

使用部品

　現在入手可能な**300B**には，エレクトロ・ハーモニックス**300BEH**，ソヴテック**300B**，JJエレクトロニック**300B**，プスバン**WE300B**，高槻電器工業**TA-300B**など内外の同等管があります．価格もさまざまなので，購入可能なものを使ってください．後々気になるブランドのものに交換すれば，もう一度楽しむことができます．前段の**ECC99**は，JJエレクトロニックが小出力の出力管あるいは強力なドライブ管として開発した真空管なので，

本機のような使い方が本来のものでしょう．

　出力トランスは，最大出力20Wのゼネラルトランス販売のPMF-20WS2を使います．ゼネラルトランス販売には，300Bをターゲットとしたひと回り大きな30W級のPMF-300BS2もありますが，ここではコンパクトなアンプとしたかったのでPMF-20WS2を選びました．その特性と接続図を**図**5に示します．PMF-300BS2に置き換えても，無帰還アンプなので問題は生じません．出力トランスの容量（大きさ）の違いは低域の余裕の差として表れます．

　PMF-55Dは，人気の高かったタンゴのNC-14をモデルにしているとのことなので，1次側，2次側ともにインピーダンス5kΩです．また1次，2次巻線ともに巻線比（1+1）：（1+1）のスプリット構成となっているのでシングル増幅，プッシュプル増幅回路で使うことができます．最大出力電圧が大きいので，大きなドライブ電圧が必要な**300B**のような真空管にも使うことができます．ただ，1次側インピーダンスが5kΩなので，ドライブする真空管はプレート抵抗が5kΩ以下の3極管あるいは小出力管の3極管接続に限ら

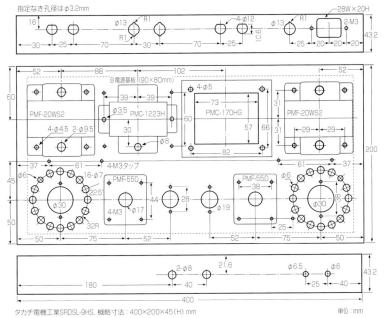

指定なき孔径はφ3.2mm

28W×20H

35×10, 1mm厚アルミアングル

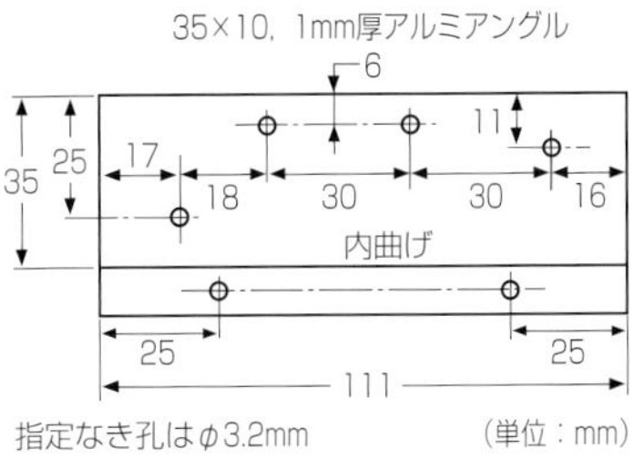

[図8] 放熱用アルミアングルの加工図. 左右チャンネル用は左右対称となる

タカチ電機工業SRDSL-9HS, 概略寸法：400×200×45(H) mm

単位：mm

[図7] シャシー加工図

れてしまいます. **図6**にPMF-55Dの特性と接続を示します.

回路（**図4**）の中で, 上記以外で信号が通るパーツはボリューム, 数か所の抵抗, バイアス抵抗のバイパスコンデンサーのみです. これら部品の選択は音にも影響するので, いろいろお試しください.

筆者は音量をラインアンプで調整しているので, 本機では単連100kΩのボリューム（アルプスアルパインRK27111A）を左右のチャンネルで各1個使うことができます. ラインアンプを使わない場合は, シャシーのボリュームの孔を1つに変更し, 2連100kΩのボリューム（アルプスアルパインRK27112A）を使ってください.

B電圧として430V, 電流165mAを供給する必要があるので, 電源トランスはゼネラルトランス販売のPMC-170HGを使っています. 電流のおおよその内訳は片チャンネルあたり初段2mA, ドライブ段9mA, 出力段（**300B**）70mAなので, ブリーダー電流3mA

を含めて165mAです.

整流素子は, 高耐圧SiCショットキーバリアダイオードの**SCS205KGC**（1200V/5A）を使います. 平滑回路のチョークコイルにはPMC-1223H（直列接続12H/230mA, DCR=102Ω）を, 平滑用コンデンサーはユニコンの電解コンデンサー（100μF/500V）を使います.

300Bフィラメントの直流点火回路は, Siショットキーバリアダイオードブリッジ**D6SBN20**（200V/6A）で整流し, 1.1Ωの抵抗と電解コンデンサー4700μF/10Vで簡易的に平滑化兼電圧調整をします. なお, **300B**のフィラメント電圧を5.0Vにより近づけるために, 1.2Ωに12Ω 1/2Wを並列接続とし合成抵抗値を1.1Ωにしています.

シャシー（タカチ電機工業SRDSL-9HS）と放熱用アルミアングルは**図7**, **8**に示した加工図に従って加工をしてください. **写真2**は孔あけ加工したシャシーのよう

す, **写真3**はトランス類, 真空管ソケットなどを取り付けた完成後のシャシー上面のようすです.

写真4はリアパネル側から見た完成機です.

使用した部品を購入先を含めて**表2**にまとめましたので, 購入の際に参考にしてください.

製作手順

組み立ては, 作業の容易さと部品に傷が付くことを避けるため, 軽い部品を取り付けた後, 重いトランス類を取り付けます. 出力トランスとチョークコイルのリード線引き込み孔には, プラスチックブッシングを嵌めておきます.

15P端子台は左右チャンネルのドライブトランスの固定ネジ(M4)で共締めします. このとき, 端子台用の孔が若干小さいので細丸ヤスリで広げておきます.

直流点火回路と自己バイアス抵抗はアルミアングル（**図8**）に取り付けます. 直流点火回路の整流ダイオードブリッジと自己バイア

[表2] パーツリスト

種　類	適　　用	数量〔個〕	購入先（参考）	コ　メ　ン　ト
真空管	300B	2		本文参照
	ECC99	2	アムトランス	JJエレクトロニック
ダイオード	SiCショットキーバリア，SCS205KGC	2	秋月電子通商	ローム（1200V/5A）．SCS205KGでも可
	Siショットキーブリッジ，D6SBN20	2	秋月電子通商	新電元，300B直流点火（200V/6A）
トランス類	電源トランス，PMC-170HG	1	ゼネラルトランス販売	
	出力トランス，PMF-20WS2	2	ゼネラルトランス販売	
	ドライブトランス，PMF-55D	2	ゼネラルトランス販売	
	チョークコイル，PMC-1223H	1	ゼネラルトランス販売	12H/230mA
コンデンサー	100μF/500V	2	海神無線	チューブラー型，ユニコン，B電源平滑
	10μF/450V	1	海神無線	チューブラー型，ニチコンTVX，デカップリング
	100μF/100V	2	海神無線	チューブラー型，ニチコンTVX，300Bパスコン
	100μF/160V	2		縦型，日本ケミコンSMG，ドライブ段パスコン
	4700μF/10V	2		縦型，日本ケミコンKMG，直流点火平滑
抵抗	100kΩ，10kΩ，1W	各2		カーボン皮膜型，初段負荷，300Bグリッドリーク抵抗
	1.8kΩ 1/2W	2		金属皮膜型，初段自己バイアス
	27Ω，1/2W	4		金属皮膜型，ハムバランス
	12Ω，1/2W	2		金属皮膜型，300B直流点火電圧調整用
	27Ω，3W	1	海神無線	酸化金属皮膜型，B電源平滑
	12kΩ，3W	2	海神無線	酸化金属皮膜型，ドライブ段カソード抵抗
	6.8kΩ，100kΩ，5W	各1	海神無線	酸化金属皮膜型，デカップリング，ブリーダー
	1.2Ω，5W	2	瀬田無線	セメント型，直流点火平滑
	1kΩ，25W	2	海神無線	デール，無誘導メタルクラッド，300B自己バイアス
	15kΩ 1/4W	1		LED用，種類不問
可変抵抗器	ボリューム 100kΩ（Aカーブ）	2	門田無線	アルプスアルパイン，RK27111A
	半固定200Ω，RJ-13B	2	門田無線	日本電産コパル電子，固定ネジ付き
真空管ソケット	UX 4ピン	2	門田無線	
	MT 9ピン上付きモールド型	2	門田無線	QQQ，手に入る良品
入出力端子	スピーカー端子UJR-2650G（赤，黒）	各2	門田無線	
	RCAピンジャック HRJ-700（黒，白）	各1	門田無線	
	IEC電源インレット EAC-301	1	門田無線	
そのほか	シャシー SRDSL-9HS	1	エスエス無線	タカチ電機工業，400×200×45mm，ゴム脚付き
	アルミアングル，111×35mm	2		図8参照
	ツマミ（サトーパーツK-4071）	2	門田無線	ボリューム用（好みのもの）
	小型トグルスイッチ（単極双投）	1	門田無線	日本電産コパル電子，8A1011-Z
	緑色LEDインジケーター（CTL-601）	1		孔径φ6.2mmのもの
	赤色LEDφ3mm	1		緑色LEDインジケーター保護用
	ヒューズホルダー（3Aミニヒューズ付き）	1		サトーパーツ，F-7155
	スパークキラー	1		
	15ピン端子台	1		
	ガラスエポキシ片面孔あき基板	1	サトー電気	80×90mm
	基板用立てピン	8		
	スタンドオフ端子，高さ約17mm	4		タイト製でもベーク製でも
	六角スペーサー（オス-メス，15mm長）	4	西川電子部品	
	プラスチックブッシング（取り付け孔φ9.5mm）	5	西川電子部品	出力トランス用
	プラスチックブッシング（取り付け孔φ8mm）	1	西川電子部品	チョークコイル用
	スズメッキ線 φ2mm	0.5m		アース母線
	配線材#20，5色	各2m		
	結束バンド（8cm）	適宜	西川電子部品	インシュロックタイ
	ビス・ナットM3，10mmL	適宜	西川電子部品	トラス頭，丸皿頭

ス用メタルクラッド抵抗は発熱量が多いので，アルミナペーストを接触面に付けてからネジどめしてください．アルミアングルは，組み立てが終わってからシャシーに固定します．アルミアングル取り付けの孔は，シャシーにM3のタップを立てましたが，φ3.2mmのストレート孔でも構いません．

B電源用基板は，あらかじめ部品の取り付け箇所に基板用立てピンをネジどめしておきます（**写真5**）．組み立て終わったら，スペーサーを挟んでシャシーにネジどめしておきます．

φ2mmスズメッキ線のアース母線は，両端のスタンドオフ端子の間に張っておき，左チャンネル側の端をドライブトランスの固定ネジに共締めしたタマゴラグにつないでシャシーアースを取っています（実体配線図参照）．

本アンプは部品点数が少なく，配線は容易です．実体配線図と**写真5〜7**を見ながら作ってください．初段のカソード抵抗1.8kΩなどは，15P端子台とアース母線

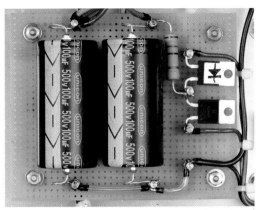

[写真5] B電源基板上の部品配置. あらかじめ, 基板に立てピンをネジどめして, ダイオードなどを配線する. なお, 基板の裏は配線していない

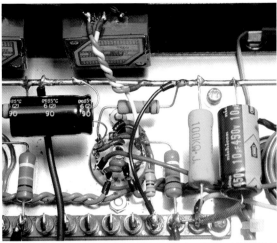

[写真6] 初段とドライブ段の配線のようす. CRは, 15P端子台とアース母線を使って配線

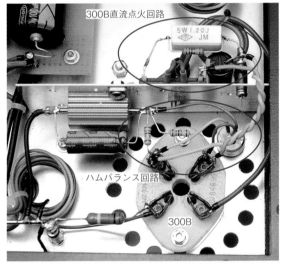

[写真7] 出力段の配線のようす. 直流点火回路と自己バイアス抵抗はアルミアングルにまとめ, ハムバランス回路は半固定抵抗器と2本の固定抵抗27Ωを組み合わせている

を使って配線しています. **ECC99**のヒーター配線は, 電源トランスの6.3V巻線の0V端子をアースにつないでいます（ヒーターアース）. これを忘れると, ヒーター回路がアースから浮くことによるハムに悩むことになります.

配線が終わったら, 繰り返し慎重に配線を確認してから真空管を差し, 電源を入れてください. 最初に, **300B**のフィラメント電圧（直流）を測って5V±5%であることを確かめてください. 引き続き, 回路図に記載してある各部の電圧をテスターで確認してください. 各ポイントの電圧が5%以内

に入っていればOKです. 最後にボリュームを絞り切った状態で, ハムバランスの半固定抵抗器を調整して, 出力のハム電圧を最小にしたら完成です.

測 定

残留ハムは, 入力ボリュームを絞り切った状態で左チャンネル0.3mV, 右チャンネル0.4mVなのでハム音はほとんど聴こえません. 1kHzで測定した入出力特性を図9に示します. 入力電圧0.32 V_{rms}で8Wの最大出力（歪率5%）が得られ, 設計段階で見積もったものと合致しています.

出力1/2Wでの周波数特性を**図10**に示します. 周波数特性を各増幅段ごとに測った結果では, 出力段は**図10**と比べるとずっとフラットだったので, 周波数特性はドライブトランスの特性によることがわかりました. ドライブトランスの2次側負荷抵抗およびドライブ段に使われている真空管の内部抵抗によって, 低域と高域の周波数特性はかなり変わってしまうので, 慎重な検討が必要です. 予備実験でも2次側負荷抵抗により低域にピークが現れる, あるいは高域が早く低下することが見られました. 本機では, それらを勘案して2次側負荷抵抗を10kΩとしました.

DFをON-OFF法により測定しました（**図11**）. DFは100Hz〜10kHzの中域でおよそ2.8となっています. 負荷インピーダンスを3.5kΩとすると, 無帰還でもそこそこのDFになってくれる**300B**はほんとうに使いやすい真空管です.

もっと大きいDFが欲しい場合は負荷インピーダンスZ_pを5kΩとします. 3極管の性質によって

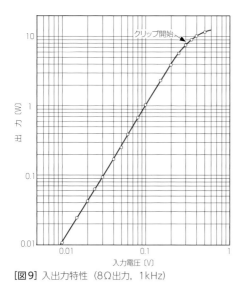

[図9] 入出力特性（8Ω出力，1kHz）

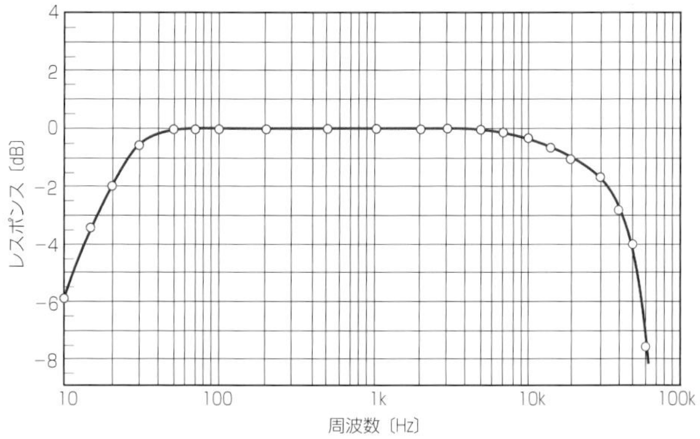

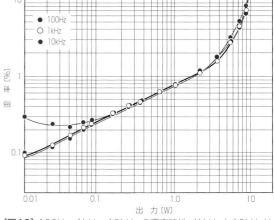

[図10] 周波数特性（0dB = 1/2W）

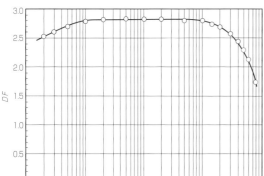

[図11] ダンピングファクター特性

[図12] 100Hz，1kHz，10kHz の歪率特性（1kHzと10kHzは400Hzのローカットフィルターを使用）

歪率も小さくなるので好都合なのですが，音を聴いてから選択すればよいでしょう．

100Hz，1kHz，10kHzの歪率（**図12**）は0.1W以上ではぴったり揃っています．1kHz，10kHzの歪率は0.1Wで約0.25%，1Wで0.8%という低い歪率です．0.04W以下で100Hzのカーブが上がっているのは残留ハムの影響です．

方形波応答波形

抵抗負荷8Ωのときの100Hz，1kHz，10kHzの方形波応答波形を**図13**に示します．本機は無帰還アンプですが，念のため負荷開放および容量性負荷（8Ω//0.22μF，0.22μFのみ）としたときの10kHzの方形波応答波形を観測しました（**図14**）．無帰還なので0.22μFのみのときも10kHzの波形の揺らぎがわずかに大きくなっただけです．

試聴とまとめ

試聴して感じたのは，引き締まった低域とその量感です．本機は20W級の出力トランスPMF-20WS2を使いましたが，ひと回り大きい30W級を使わなかったことが気になっていました．しかし，自宅のリスニングルームで大音量で鳴らすぶんには，最大定格20W

と30Wの違いによる低域での余裕度の違いは感じません．音の印象は，トランスドライブだからといった特別な個性を感じることはなく，バランス良く，音楽を積極的に聴かせると感じました．

300Bシングルアンプは多くが91A/B型（CR結合＋NFB）で，トランスドライブアンプは少数派です．しかしながら自作に適しているのは，部品の少なさと動作が圧倒的に安定であることから後者です．ドライブトランスの使い方が問題ですが，よくわからなくても製作例を参考にすれば良いでしょう．本機では多数の測定をしたので多くの時間を費やしました．こ

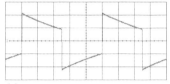

(a) 100Hz

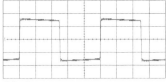

(b) 1kHz

(c) 10kHz

[図13] 8Ω純抵抗負荷における方形波応答波形（1V/div）

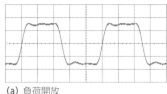

(a) 負荷開放

(b) 容量性負荷8Ω//0.22μF

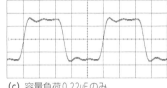

(c) 容量負荷0.22μFのみ

[図14] 負荷開放ならびに容量負荷における10kHz方形波応答波形（1V/div）

の結果が追試する方のお役に立てばと思います．当初，物理特性はあまり期待できないと記しましたが，本機の物理特性は無帰還のシングルアンプとしては水準以上であることを記しておきます．

試聴はCDプレーヤー：マランツSA11-S2，自作ラインアンプ（『MJ無線と実験』2015年2月号）を改造，スピーカー：アルテック604-8Hのウーファー部＋アルテック802D/811Bホーン＋コーラルH-100（ネットワークは自作）で行いました．

[写真8] 真空管アンプ向けのシャシーにトランスが林立する本格的デザイン．300Bの威容は音を楽しむだけでなく，見る楽しみを与えてくれる

 AND MORE !!

入力感度調整と出力トランス変更

本機はトランスドライブ300Bシングルアンプの典型的な回路を比較的安価なパーツを使って製作することを念頭に設計した．

オーディオアンプとしての周波数特性や歪率といった物理的特性は，無帰還アンプとしてはかなり良好なので，物理的特性に関しては改良する箇所は特に見当たらない．無帰還のアンプとしては十分に水準以上である．

あえて問題点を探すとすれば，入力信号電圧0.3Vrmsで最大出力8Wとなるという高感度という点で，ラインアンプやスピーカーとの組み合わせによっては使いにくいケースがあるかもしれない．

対処法には，①ドライブトランスPMF-55Dの2次側の直列使用を並列にする，②PMF-55Dの2次側（青）から初段カソードに470kΩの帰還抵抗で約6dBのNFBをかけるという2つの方法がある．これで入力感度を半分に抑えることができ，加えて②では歪率の改善も期待できる．

本機で使っているドライバートランスPMF-55Dは，評価の高かったタンゴNC-14をできるだけ再現しようとした製品で，同等品を探すとすれば，タンゴ（アイエスオー）からライセンス供与されたアイエスオートランスフォーマーズ（https://isotransformers.tokyo）が販売している，1次，2次ともに単巻線のNC-20FⅡがある．

コストアップに目をつぶることができるなら，本機の20W級の出力トランスを30W級のゼネラルトランス販売PMF-30WSあるいは橋本電気H-30-3.5Sに変更すると，一段と豊かで軽い低音が得られるだろう．

残留ハムの優先度を下げ，音質が良いとの意見が散見されるAC点火にしてみるのもひとつの試みだ．

（岩村保雄）

基礎解説とカラー実体配線図でよくわかる

作りやすくて音がいい真空管オーディオアンプ 10 機選

2023 年 3 月 17 日　発　行　　　　　　　　　　　　　　　NDC549

編　　　者	MJ無線と実験編集部	
発 行 者	小川雄一	
発 行 所	株式会社 誠文堂新光社	
	〒113-0033 東京都文京区本郷3-3-11	
	電話 03-5800-5780	
	https://www.seibundo-shinkosha.net/	
印 刷 所	広研印刷 株式会社	
製 本 所	和光堂 株式会社	

ISBN978-4-416-52348-3